JN292253

森のきのこたち

——種類と生態

森のきのこたち

―種類と生態―

柴田　尚著

八坂書房

目次

森のきのこ図鑑

きのこを通して森を見る ―亜高山帯林のきのこの生態から見えること―

まえがき

近年、自然に親しむために山に登ったり、森林を散策したりする機会が増えてきています。ほんの数十年前までは身近な生活の場でもあった山や林が、今では生活に潤いを与えてくれる存在として注目されています。それにともなって「自然とのつき合い方」的な啓蒙書も数多く出版されています。それらの本の中には様々な書物からの借り物の知識を寄せ集めたようなものも見うけられるのは大変残念なことです。

書物の中には山も森林もありません。このように書いてしまうと、せっかくこの本を手にとってくださった方に対しても随分と失礼になってしまうかもしれません。あくまでも本に書いてあることは自然の中に入って自然を知るためのきっかけにすぎません。もちろん本書も例外ではありません。そこできのこの生態について紹介する部分の表題も「きのこを通して森を見る」にしました。これには、きのこという馴染み深い生き物を通して森の姿、自然の姿を見つめてほしいというささやかな願いも込められています。書物から得た知識だけでなく、実際に自分の目で見て、手で触って、そして時には味見もして、私なりの方法で不思議を解き明かそうとしたその道筋を書きました。

この本を読んでいると「観察して、記録して、整理する」という言葉がときどき出てきます。これが本書の大事なキーワードになっています。

「共生」という言葉もたびたび出てきます。生物は決して単独では生きられません。食物連鎖や天敵という言葉はこの事実をもっとも的確にあらわしています。生物はお互いに関わり合いながら生きています。その関わり合い方のひとつが共生です。この本では、その具体的な例として、きのこと樹木の関係について紹介しました。きのこと樹木とは根に作られた菌根《きんこん》という組織を通して養水分のやりとりをしています。菌根を作るきのこは菌根菌と呼ばれます。共生という言葉を紹介するのに菌根菌はうってつけの材料です。

そして、紹介の舞台として亜高山帯の針葉樹林を選びました。その理由は、そこが私のきのこ観察の中心だからです。さらに、亜高山帯の森林ときのこの関係を紹介した本や報告があまり見られないことも理由のひとつです。

本の中には自然そのものはありません。しかし、自分の目で自然を確かめるためのきっかけは、本の中にもたくさんあります。本書を手に取っていただいた皆さんにもその糸口をつかんでいただくことができれば幸いです。

森のきのこ図鑑

前頁の写真
ブナの枯れ木に発生したツキヨタケ

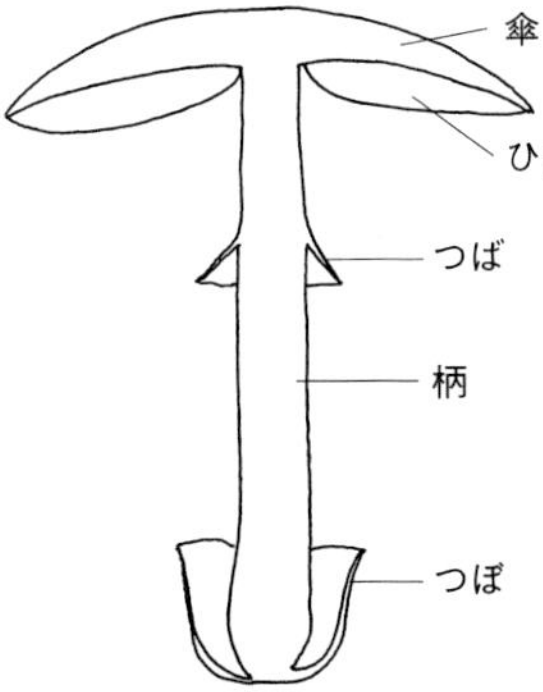

きのこの各部の呼び方　いわゆるきのこ形をした典型的なきのこの例。種類によっては、つばやつぼを持たないものもある。ひだの部分が管孔と呼ばれるスポンジ状の組織になることもある（代表例はイグチ科）。

きのこの調べ方

ここでは、主に本州中部地域の亜高山帯林に発生するきのこの中から代表的な一〇〇種類を選んで写真と共に紹介します。もちろん亜高山帯のきのこはこれだけではありません。おそらくは、この何倍もの種類が見られるはずです。また、たとえば北海道のように緯度の高い地域では、もっと標高の低い場所でここに紹介したきのこを見つけることもできます。そしておもしろいことに、標高の低い場所では広葉樹林に発生するきのこが、亜高山帯では針葉樹林でたびたび目にされます。写真の説明は、その違いができるだけわかるように書きました。しかし、どうしてこうした違いが生まれてくるのか、その理由は、はっきりとわかっているわけではありません。そこで、この本の中には、不思議を解き明かすためのヒントになるようなことも書きました。さらに、亜高山帯では、平地に比べてきのこの発生時期が少し早くなります。それぞれのきのこの説明には、その差がわかるように発生する時期の違いも書いてあります。写真を見ながらこの点にも注目

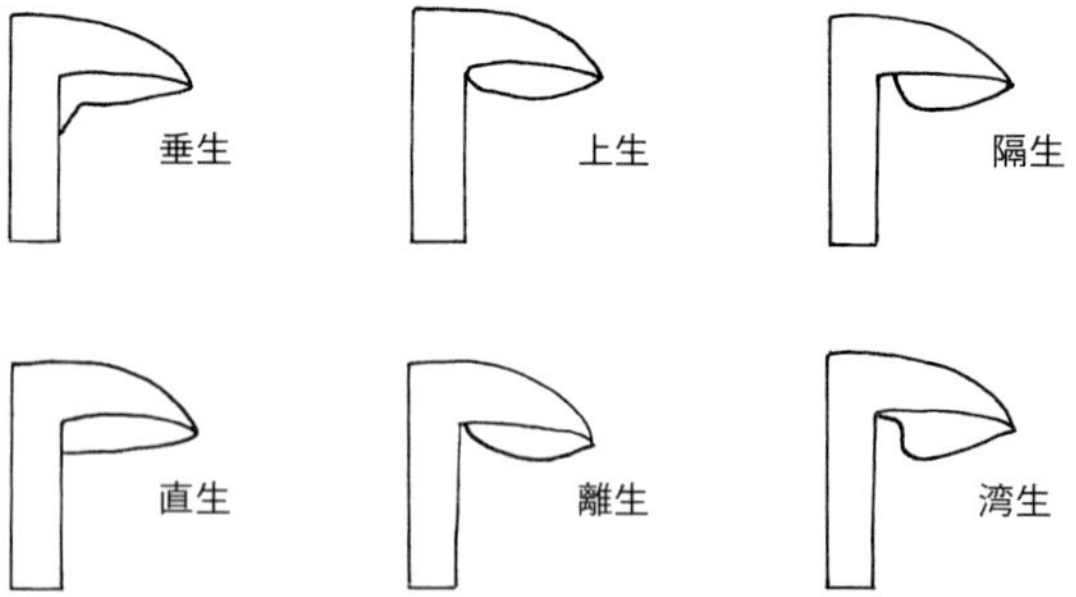

きのこのひだのつき方　同じ種類のきのこでもひだのつき方には変化があり、その場合は「直生または上生」というような表現が使われる。

していただきたいと思います。

和名の後に＊印がついているのは、亜高山帯に特徴的なきのこです。ここに載せたきのこの中には、亜高山帯だけではなく平地にある森林で見られる種類もたくさんあります。これらのきのこは、生活できる範囲が広いグループです。それに対して、分布する地域が亜高山帯のように限られている種類は、生活するための条件に制約があります。そして、きのこに限らず、亜高山帯にすんでいる生き物は、環境の変化にもとても敏感です。敏感なきのこの例は、本文の中に紹介してあります。生物種の多様性を維持するためにも、分布範囲の狭い種類のきのこの発生が今後どのように変化していくのかを注意深く観察し続ける必要があります。ここで写真と共に紹介するきのこの中にもそのような種類が数多く含まれています。

それぞれのきのこを目で見た肉眼的な特徴についての解説は、ごく簡単な内容にとどめてあります。もっと詳しく種類の特徴を知りたいときは、専門的な図鑑を参考にしてください。また、インターネット上にも数多くのきのこに関するホームページがあって、これらからも様々な情報を得ることができます。さらに、きのこの名前を調べるときには、肉眼的な観察だけでなく、できれば顕微鏡を使ってください。それが無理でもせめてルーペくらいは手元に置いてきのこの細かい部分にも目を向けられるとよいでしょう。きのこに興味を持つ人の中には、肉

きのこの裏側の様子　右：ひだの例（ヌメリツバタケ）　中：管孔の例（アミハナイグチ）
左：しわひだの例（アンズタケ）

眼で見ただけでほぼ正確に名前を言い当てることができる人もいます。残念ながら誰もがこのような芸当ができるわけではありません。そこにいたるまでには、長い時間と丹念な観察の繰り返しが必要だったはずです。知識や経験の不足を補うことができるのは注意深い観察だけです。それもできるだけ新鮮なきのこをじっくりと観察することです。「観察して、記録して、整理する」、この繰り返しが生き物を調べる基本です。

きのこの特徴を説明した文の中には、わずかですが専門的な用語も出てきます。それらを理解するために必要な図と写真を載せました。きのこの各部分の呼び方（13頁図）、傘の裏側の状態とそれぞれの呼び方（上の写真）、ひだのつき方の模式図（14頁図）です。きのこ全般についてさらに詳しく調べたい方のために、巻末に参考文献を挙げてあります。

この本では、亜高山帯の森林で見られるきのこを中心に紹介しました。しかし、これだけですべてが紹介されているわけではありません。未知のきのこもまだまだたくさんあります。また、きのこの中には、食用になる種類から有毒の種類まで様々なものがあります。参考までにそれぞれのきのこの説明の最後に「食用」、「有毒」、「食不適」そして「食毒不明」という表示をつけました。それぞれを区別した基準は次のとおりです。

「食用」（図鑑部分緑文字）：昔から多くの人が食べてきた美味しいきのこ

「有毒」（同赤文字）：食べるとほとんどの人が中毒し、死亡例もあるきのこ

「食注意」（同青文字）：食べ方によっては中毒するきのこ

「食不適」（同紫文字）：強い苦みや辛みがあって、食用には向かないきのこ

「食毒不明」（同茶文字）：日本では、一般には食用にされる習慣がなかったきのこ（毒きのこが含まれている可能性もあります）

特に、食べる目的できのこを採ったときには、同定に当たっては、是非とも専門家の助言を受けることをお勧めします。中途半端な知識できのこの食・毒を見分けるほど危険なことはありません。先ずはきのこをじっくりと観察することから始めましょう。

ヌメリガサ科

オトメノカサ

Camarophyllus virgineus (Wulf.: Fr.) Kummer

夏から秋にかけて主としてカラマツ林に発生する。また、それ以外にも広葉樹の下にも発生するといわれている。亜高山帯では夏から秋にかけてカラマツ林、コメツガ林などで発生する。分布はほぼ全世界的。

［特徴］傘は初めまんじゅう形で中央部は盛り上がり、後にはほぼ平らに開く。きのこの色は全体がほとんど白色であるが、若いときには中心部が淡いトキ色になることもある。ひだは柄に垂生し、並び方はあらく、互いに脈で連結する。柄は白色で根もとに向かって細くなる。

食用

アカヤマタケ

Hygrocybe conica (Scop.:Fr.) Kummer

秋に各種の林の中や草地の地上に発生する。亜高山帯では夏から秋にかけてシラビソ林やオオシラビソ林で発生する。ほとんど全世界に分布している。

［特徴］傘は初め先端のとがった円錐形で後にはやや開き、中央部分は常にとがる。表面の色は橙黄色から紅赤色で湿っているときにはややぬめりがある。ひだは淡黄色から淡橙黄色で並び方はややまばら。柄にはほぼ離生する。柄は橙黄色から黄色で縦に繊維紋がある。きのこに触れたり、きのこが古くなったりすると黒く変色する性質がある。

食毒不明

ヤギタケ

Hygrophorus camarophyllus (Alb.et Schw.: Fr.) Dumée, Grandjeam. et Maire

秋にアカマツ林やブナ科の広葉樹林の地上に発生する。亜高山帯では夏から秋にかけてコメツガ林に発生する。『Fungi Europaei』という海外のきのこ図鑑では、ひだの色が異なるきのこが同じ種類として紹介されている。日本国内で採集されたきのこでも、この図鑑と同じような違いが見られることもある。ヤギタケは、個体どうしの差が大きな種類なのかもしれない。

［特徴］傘は初めまんじゅう形で後にはほぼ平らに開く。表面の色は灰褐色。ひだは直生またはやや垂生し、色は白色。ただし個体によっては淡いオレンジ色を帯びることもある。柄は傘とほぼ同色で、ひだとの境目ははっきりしている。

食用

ウコンガサ

Hygrophorus chrysodon (Batsch: Fr.) Fr.

秋にモミ類やそのほかの広葉樹林の地上に発生する。亜高山帯では秋にシラビソ林やオオシラビソ林に発生する。きのこが若いうちは名前のとおり美しい黄色であるが、やがては全体が白っぽくな

⬅ヤギタケ

⬆オトメノカサ
アカヤマタケ➡

⬅シモフリヌメリガサ

ウコンガサ⬇

キヌメリガサ➡

ってしまう。似たような名前のきのこにウコンハツがあるがこちらはベニタケ科のきのこである。

［特徴］傘は初めまんじゅう形で後にはほぼ平らに開く。若いうちは傘の表面が黄色の点々でおおわれて全体が黄色に見える。やがてこの点々ははげ落ちて周辺部だけに残る。ひだは白色で並び方はあらく、柄に垂生する。柄の地色は白色で表面には傘と同様の黄色の点々がついている。

食用

シモフリヌメリガサ

Hygrophorus hypothejus (Fr.: Fr.) Fr.

晩秋から初冬にかけてアカマツ林やツガ林などの地上に群生する。亜高山帯では秋にコメツガ林に発生する。きのこのシーズンなどすでに終わってしまったと思えるような時期にこのきのこに出会うと何だか得をしたような気分になる。シモフリヌメリガサの小型品種であるフユヤマタケは冬にマツ林で見られる。両方とも食用になり、寒い時期に発生することから「かんたけ」という地方名で呼ばれることもある。

［特徴］傘は初めまんじゅう形で後にはほとんど平らに開く。表面の色はオリーブ色や暗黄緑色で、初めのうち厚い粘膜でおおわれる。ひだは淡黄色で並び方はあらく、柄に垂生する。柄は上部に粘膜状の不完全なつばを持ち、それより下は傘と同様に厚い粘膜でおおわれる。つばより下の柄は傘より淡色のオリーブ色や淡黄色。きのこが古くなると傘や柄は橙黄色を帯びるようになる。

食用

キヌメリガサ＊

Hygrophorus lucorum Kalchbr.

晩秋にカラマツ林の地上に群生する。亜高山帯では秋の初めからカラマツ林に発生する。このきのこが多量に発生するようになると、きのこ狩りのシーズンも終わりに近づく。形が小さくて採るのに根気がいるところから「根気茸」の愛称で親しまれる。味が良いために根強いファンも多く、腰が痛くなるほど熱心に採る人もいる。亜高山帯のカラマツ林には傘の表面が橙色を帯びるきのこも発生する。研究者によっては、これをキヌメリガサとは別種として扱う人もいる。

［特徴］傘は初め半球形からまんじゅう形で後に平らに開く。色はレモン色で中央部が橙黄色になる場合もある。表面にはぬめりがある。ひだは白色から淡黄色で並び方はあらく、柄に垂生する。柄は白色から淡黄色で不完全なクモの巣状のつばがある。表面はぬめりのある膜でおおわれている。

食用

フキサクラシメジ＊

Hygrophorus pudorinus (Fr.) Fr.

夏から秋にかけてモミ類の林の地上に発生する。亜高山帯では夏から秋にかけてコメツガ林やシラビソ林などに群生する。きのこ全体に独特の臭気と苦みがあり、毒はないといわれるもののあまり食欲はそそられない。また、サクラシメジ類に共通しているのだが、きのこを採ってひと晩かふた晩放置しておくと白色のかびにおおわれてしまう。このため、きのこは採った日のうちにゆでてしまうか塩漬けにする必要がある。

［特徴］傘は初め半球形で後にはまんじゅう形から平らに開く。表面の色は淡い肌色で、ぬめりがある。ひだは初め淡い肌色で後にはやや濃色になる。並び方はややあらく、柄に直生からやや垂生する。柄は淡い肌色で根もとは黄色を帯びる。

食用

キシメジ科

オニナラタケ*

Armillariella ostoyae (Romagnesi) Herink in Hasek

一般には秋にトウヒ類、モミ類、ツガ類などの針葉樹の枯れ木上に群生する。亜高山帯ではこれより早く夏の終わりころから発生する。別名ツバナラタケともいわれる。日本のナラタケの仲間はこれまではおおざっぱにまとめられていた。しかし、最近の研究では日本のナラタケ類は一〇種類以上あるといわれている。

［特徴］傘は初め中高のまんじゅう形で後にはほぼ平らに開く。表面の色は淡褐色から淡赤褐色で、黒褐色の鱗片を多数つける。ひだはほとんど直生し、並び方はやや密で、初めクリーム色から淡褐色、後にはより白色に近くなる。柄は傘とほぼ同色またはより淡色で、淡褐色の鱗片をつけ、はっきりと目立つつばを持つ。柄の根もとは上部よりも太くなる。

食用

ヤグラタケ

Asterophora lycoperdoides (Bull.) Ditm.: Fr.

夏から秋にかけてベニタケ科の成熟しきったきのこの上だけに発生するという独特の生態を持つ。亜高山帯では、夏の終わりから秋の初めにかけてコゲイロハツタケの上に発生する。きのこ全体に不快な臭気がある。しかし、大きなきのこの上にチョコンと乗っかっている姿は何となく愛敬がある。

［特徴］傘は初めほとんど球形で後にはまんじゅう形に開く。色は初め白色で後には淡黄褐色となり、このころには傘が粉状の厚膜胞子でおおわれるようになってくる。ひだはきのこが若いときだけはっきりと見分けられ、白色で厚い。並び方はあらく、柄に直生する。柄は白色で根もとは褐色を帯びる。

食毒不明

オニナラタケ⬆

⬅フキサクラシメジ

ヤグラタケ⬇

オオモミタケ

マツタケ

ホテイシメジ

オオモミタケ＊

Catathelasma imperiale (Fr.) Singer

夏の終わりころから亜高山帯のシラビソ、ウラジロモミ、アオモリトドマツなどのモミ類の林の地上に発生する。きのこは非常に大型で日本に産する大型きのこの代表格のひとつ。「さまつ」と称してマツタケ同様に珍重する地方もあるが、マツタケのような香りはない。近縁の種類にモミタケがあり、これも大型のきのこで、こちらは主にモミの林で見られる。

[特徴] 傘は初め半球形からまんじゅう形で後には平らに開く。初めは縁部が内側に巻き込んでいる。色はオリーブ褐色から灰褐色で表面は湿っているとややぬめりがある。ひだは白色で並び方は密。柄に垂生する。柄は白色から淡褐色で太く充実している。中央部はふくらみ、根もとは細まって地中深く入る。柄の上部に二重のつばを持つ。

食用

ホテイシメジ

Clitocybe clavipes (Pers.: Fr.) Kummer

秋にアカマツやカラマツなどの針葉樹林や広葉樹林の地上に群生する。亜高山帯では夏の終わりから秋にかけてカラマツ林をはじめ様々な種類の林の地上に発生する。酒を飲むときのちょこに似ている姿から「ちょこだけ」などとも呼ぶ地域もある。アルコール類を飲みながらホテイシメジを食べると中毒して悪酔いする。酒といっしょに食べられないのに「ちょこだけ」などとは、実にまぎらわしい名をつけたものである。もちろん、アルコール抜きなら何の心配もいらない。

[特徴] 傘は初めまんじゅう形で後にはほぼ平らに開く。色は灰褐色から淡褐色。ひだは白色からクリーム色で並び方はややあらく、柄に長く垂生する。柄は傘より淡色で根もとに向かって布袋様のお腹のようにふくらむ。

食注意

マツタケ

Tricholoma matsutake (S. Ito et Imai) Singer

毎年秋になれば、必ず話題にのぼるきのこである。亜高山帯では夏から秋の初めにかけてコメツガ林の地上に発生する。名前が有名なわりに山で本物を見たことのある人は少ないようで、「このきのこは食べられますか」とマツタケを持って来る鑑定依頼人もいる。「このきのこは一度食べると病みつきになってしまうマツタケというきのこです」と話すと、当の御本人がびっくり仰天。来るときにはビニールの袋の中に無造作に放り込んで持ってきたのに、帰りにはうやうやしく紙に包んで持って帰る。ほかにもいろいろ持ってきたきのこは「もう必要ありませんから処分してください」と言って見向きもしない。そんな中に案外おいしいきのこがあったりするのだが……。

[特徴] 傘は初め半球形で後には平らに開き、表面は褐色の繊維状の鱗片でおおわれる。ひだは白色で柄に湾生し、並び方は密。柄は傘の表面と同様の鱗片でお

おわれるが、つばから上部は白色。

食用

シモフリシメジ

Tricholoma portentosum (Fr.) Quél.

晩秋にマツ類、ツガ類、モミ類、ナラ類などの林の地上に群生する。亜高山帯では秋の中ごろからコメツガ林やシラビソ林、オオシラビソ林の地上に発生する。ちょうど初霜の降りるころに発生するからシモフリシメジというのか、霜降り肉のような傘の模様から名づけられたのか。おそらく前者だと思うが、いずれにしてもうまい命名である。優秀な食用きのこの多いキシメジ科の中でも上位に位置づけられるほど美味で、秋のきのこシーズンのしめくくりを飾るにふさわしい。

［特徴］傘は初め半球形からまんじゅう形で後に中央部がやや突き出て平らに開く。色は淡黄色地に黒色から黒褐色の糸状の模様が表面につき、さらにその上に白色霜降り状の斑点がある。ひだは白色またはごく淡い黄色で並び方はやや密で、柄に湾生する。柄は白色または淡い黄色で内部まで充実している。

食用

カラマツシメジ＊

Tricholoma psammopus (Kalchbr.) Quél.

秋にカラマツ林の地上に発生する。亜高山帯では夏の終わりころからカラマツ林の地上に発生する。カラマツシメジの名前のとおりカラマツ林だけで見られるきのこである。きのこには苦みがあり、食用には適さない。

［特徴］傘は初め鐘形で後に中央部がやや突き出た平らに開く。表面の色は淡褐色で細かい鱗片におおわれる。ひだはクリーム色から淡褐色、きのこが古くなると褐色のしみができる。並び方はややあらく、柄に湾生する。柄は傘とほぼ同色で表面には細かい鱗片がある。

食不適

ミネシメジ

Tricholoma saponaceum (Fr.) Kummer

秋にアカマツ、ツガ、モミなどの針葉樹林やこれらを交えた広葉樹林の地上に発生する。亜高山帯では夏の終わりころからシラビソ林やオオシラビソ林の地上に発生する。石鹸のような臭いがあり、食用にする人もいるが、少し調理法に工夫が必要である。ミネシメジは、発生する場所によっては色や鱗片の有無などが非常に変化に富んでいて、これが本当に同じきのこかと思うときもある。

［特徴］傘は初め鐘形で後には山形から平らに開く。色は帯緑色から灰褐色まで変化に富むが、若いうちは多少なりとも緑色を帯びる。ひだは初め淡緑色で後には白くなり、古くなると橙黄色や帯赤色のしみができる。並び方はあらく、柄に湾生する。柄は白色から帯緑褐色で表面には灰色の鱗片をつける場合もある。指でさわったり傷つけたりするとにごったピンク色からすすけたオレンジ色に変色する。

食注意

ミネシメジ↑

←シモフリシメジ

カラマツシメジ↓

⬇クダアカゲシメジ

アイシメジ➡

キサマツモドキ➡

アイシメジ

Tricholoma sejunctum (Sow.: Fr.) Quél.

秋にアカマツ、ツガなどの針葉樹林やナラ類などの広葉樹林の地上に発生する。亜高山帯では夏の終わりから秋にかけてシラビソ林やオオシラビソ林、コメツガ林の地上に発生する。味には多少苦みがあるが気になるほどではない。ときとしてシモフリシメジと混同されて採られたりするが、ひだの色の違いを良く見ればその区別は容易につく。

〔特徴〕 傘は初め鐘形で後には平らに開くが、中央部だけは少し突き出る。表面は黄色から灰黄色の地色に暗緑色の放射状繊維紋があり、湿っているときにはややぬめりがある。ひだは白色で傘の縁に近い部分は黄色を帯びる。並び方は密で柄に湾生する。柄は白色から淡黄色で中空。よく似た種類のシモフリシメジのひだはすべて白色からクリーム色で傘の縁に近い部分も黄色は帯びない。

食用

クダアカゲシメジ＊

Tricholoma vaccinum (Pers.: Fr.) Kummer

秋にモミ類やマツ類などの針葉樹林の地上に発生する。亜高山帯では秋の初めごろからシラビソ林の地上に発生する。食用になるという説もあるが、味は辛苦く美味とはいえない。特にモミ類の林に発生するグループはこの傾向が強いようである。

〔特徴〕 傘は初め円錐形から鐘形で、後には平らに開くが、中央部分だけは盛り上がる。表面の色は赤褐色で繊維状のささくれにおおわれる。ひだは柄に上生から湾生し、並び方は密で、色は初め淡褐色から白色、後には赤褐色のしみが出る。柄は傘とほぼ同色で、表面は繊維状、内部は空洞になっている。

食不適

キサマツモドキ＊

Tricholomopsis decora (Fr.) Singer

夏から秋にかけてモミ類やトウヒ類の朽ち木上に発生する。どちらかというと冷涼な気候を好むようで、亜高山帯では夏から秋にかけて発生が多い。ヒマラヤ山麓の海抜二五〇〇メートル以上の林の中でも見かける。

〔特徴〕 傘は初め半球形で後には開いてほぼ平らになる。傘の地色は黄色で、表面には暗褐色の細かなささくれが多数ついている。ひだは黄金色で並び方は密。柄に直生からやや上生する。柄は傘とほぼ同色で、細かなささくれがついている。

食毒不明

テングタケ科

タマゴタケ

Amanita hemibapha (Berk. et Br.) Sacc. subsp. *hemibapha*

夏から秋にかけてブナ科の広葉樹林の地上に発生する。亜高山帯では、主にシラビソ林やオオシラビソ林に発生し、その時期は夏の終わりから秋の初めごろが中心となる。以前にはヨーロッパ産のタマゴタケと同一種と考えられていたが、最近の研究では別種とされるようになった。全体が非常に派手な色のために、初めは気味悪がられるが、一度味を覚えると病みつきになるという。ヨーロッパでは「皇帝きのこ」と呼ばれ珍重されている。よく似た毒きのこのベニテングタケとは、ひだ、柄、つばの色が違うので区別はそれほどむずかしくはない。ただし毒きのこのタマゴタケモドキの中にはよく似た個体もあるので注意が必要である。

［特徴］傘は初め卵形で後には平らに開き、表面は鮮やかな朱紅色で周辺部に放射状の模様がある。ひだは柄に離生し、並び方は密。ひだ、柄、つばは卵黄色でとても美しく、柄にはオレンジ色のまだら模様があり、中空。つぼは白色の袋状である。

食用

ミヤマタマゴタケ

Amanita imazekii T. Oda, C. Tanaka et M. Tsuda

秋にブナ科の広葉樹林やモミ属の木の下に発生する。亜高山帯では主にシラビソ林やオオシラビソ林に発生し、夏の終わりから秋の初めごろが最も数が多い。学名のimazekiiは、元日本菌学会会長で大型菌類の分類学に大きな足跡を遺された故今関六也先生を記念してつけられている。食毒は不明。

［特徴］傘は初め卵形で後にはほぼ平らに開き、中央部がやや突出する場合もある。表面の色は灰褐色で周縁部にはごくわずかに放射状の線がある。湿っているときごく弱い粘り気がある。ひだは柄に離生し、並び方は密、色は白色。柄はほぼ白色で下半分には目立つささくれがある、中程に白色のつばを持ち、根元には大きな袋状のつぼがある。

食毒不明

ベニテングタケ

Amanita muscaria (L.: Fr.) Pers.

秋にシラカバやシラビソなどの林の地上に点々と、ときには一列に並ぶように発生する。亜高山帯では主にシラビソ林やオオシラビソ林に発生し、夏の終わりから秋の初めごろが最も数が多い。童話の挿し絵に使われるきのこのひとつである。その派手な色合いから猛毒のきのこと思われがちであるが、食べても死ぬようなことはまずない。人間にもどこか憎めない人がいるように、毒きのこの中では愛敬者のひとつである。食用のタマゴタケと一見するとまちがえやすいが、一般にベニテングタケは、つぼのかけら

ベニテングタケ

ミヤマタマゴタケ

タマゴタケ

ガンタケ⮕

⮕ドクツルタケ

が白いいぼ状になって傘の表面に付着する。しかし、亜高山帯で見られるベニテングタケの中には傘の表面に白いいぼがほとんどないものもある。ひだ、柄、つば、つぼともに純白で、つぼはときに痕跡程度の場合もある。

[特徴] 傘は初めのうち卵形で、最後にはほとんど平らに開く。表面の色は朱赤色で白いいぼが多数ついている。ひだは柄に離生し、並び方は密で白色。柄は白色で表面には白いささくれがある。柄の中程には白色のつばを持ち、根もとは球根状にふくらみ、つぼの名残がある。

☠ 有毒

ガンタケ

Amanita rubescens Pers.: Fr.

夏から秋にかけてマツ林、コナラ林、ブナ林などの地上に発生する。亜高山帯では夏にコメツガ林に発生する。本来は北半球の温帯地域より北に分布するきのこだったが、オーストラリアや南アメリカでも発生が確認されている。南半球へは、おそらく人間によって持ち込まれたのではないかと考えられている。

[特徴] 傘は初め鐘形で後には平らなまんじゅう形に開く。表面の色は赤褐色で淡褐色のいぼがついている。ひだは柄に離生し、並び方は密で、初めは白色、後には赤褐色のしみができる。柄は淡赤褐色で根元はふくらみ、白色から淡褐色のつばを持つ。

? 食毒不明

ドクツルタケ

Amanita virosa (Fr.) Bertillon

夏から秋にかけて各種の広葉樹林、モミ林、ツガ林などの林内地上に点々と発生する。亜高山帯では主にコメツガ林やシラビソ林、オオシラビソ林に発生し、夏の終わりから秋の初めごろが最も数が多い。薄暗い林の中に真っ白なこのきのこが発生しているのを見ると、ドキリとする。純白な外見とはうらはらに、世界の猛毒きのこの中でも横綱格のひとつである。ヨーロッパでは「死の天使」の異名で恐れられている。そのわりに中毒する人が多いのは、野生のマッシュルームと見間違えやすいためだといわれている。日本ではあまり食べる人もいないようなきのこであるが、何年かに一度は中毒事故があり、その中毒患者のうち何人かは命を落としている。

[特徴] 傘は初め卵形で後には平らに開く。傘の表面には放射状の筋はない。傘、ひだ、柄、つば、つぼともに白色で、ときとして傘の中心部が紅褐色を帯びることもある。ひだは柄に離生し、並び方は密。つばより下の柄はささくれにおおわれ、つぼは袋状で大型である。

☠ 有毒

ハラタケ科

オオシワカラカサタケ
Cystoderma japonicum Thoen et Hongo

夏から秋にかけて林内や竹やぶの落葉上や捨てられた籾殻上に発生する。亜高山帯では、夏から秋の初めにかけて、落葉が積もった窪地などに発生する。たくさんのきのこが円を描くように列を作って大発生することもある。

［特徴］傘は初め鐘形で後には平らに開き、中央部は少しふくらむ。表面は黄土色で放射状のしわがある。ひだは柄に上生から離生し、並び方はやや密で、色は白色からクリーム色。柄は膜質のつばを持ち、つばより下は傘とほぼ同色、つばより上はやや淡色。

? 食毒不明

モエギタケ科

ハナガサタケ*
Pholiota flammans (Fr.) Kummer

夏から秋にかけてオオシラビソ、シラビソ、ウラジロモミなど亜高山帯の針葉樹の枯れ木上に群生する。姿、形はそれほど大きくないが派手で目立つきのこである。現在までに発生が確認されているのは北半球では温帯より北の地域であり、南半球ではオーストラリア大陸である。どちらかというと冷涼な気候を好むきのこらしい。

［特徴］傘は初め丸山形からまんじゅう形で後には平らに開き、表面の色は鮮黄色から橙黄色で美しい。表面はささくれでおおわれ、ぬめりはほとんどない。ひだは柄に直生から上生し並び方は密。初めは傘とほぼ同色で後にはさび褐色となる。柄は傘とほぼ同色で表面はささくれに密におおわれる。上部には糸状の不完全なつばを持つ場合もある。傘と柄のささくれはきのこの生長とともに脱落する場合もある。肉にはやや苦みがある。

? 食毒不明

シロナメツムタケ
Pholiota lenta (Fr.) Singer

秋にマツ林、カラマツ林、ブナ科の樹木の林の地上に発生する。亜高山帯では夏の終わりから秋にかけていろいろな樹種の林に発生する。ナメコと近縁なきのこで広く食用にされている。よく似たチャナメツムタケの方が食用きのことしては有名だが、このシロナメツムタケは、より淡泊な味である。

［特徴］傘は初めまんじゅう形で後には平らに開く。表面の色は淡褐色から灰褐色で表面にささくれがつくこともあり、ぬめりもある。ひだは初め白色で後には淡黄土色になり、並び方は密で柄に直生する。柄は傘とほぼ同色で根もとは茶褐色。表面にはささくれがある。

食用

オオシワ
カラカサタケ

ハナガサタケ

シロナメ
ツムタケ

⬆ツバフウセンタケ
⬇チャナメツムタケ

ウスフジフウセンタケ➡

チャナメツムタケ

Pholiota lubrica (Pers.: Fr.) Singer

秋に各種の広葉樹林やアカマツ、カラマツなどの針葉樹林の地上に群生する。亜高山帯では夏の終わりから秋にかけていろいろな樹種の林の地上や倒木上に発生する。ちょっと見ると毒きのこのカキシメジと間違える場合もあり、誤食による中毒例が知られている。傘の表面に落葉などをつけている姿から「ごみっかぶり」などというあまりありがたくない名で呼ばれることもあるが、食用きのこの中でも味は良い方である。また、発生する場所が年ごとに大きく移り変わることが多い。

［特徴］傘は初め半円形からまんじゅう形で後には平らに開く。表面の色は赤褐色から茶褐色で周辺部はやや淡色となる場合もあり、淡褐色の鱗片が付着している。傘の表面が湿っているときは、ナメコのようなぬめりがある。ひだは初め白色で後には黄土色から灰褐色になり、並び方は密で柄に直生から湾生する。柄の上部は白色で根もとは褐色になる。表面には白色のささくれがあり、きのこの出始めのころはクモの巣状のつばを持つ。成熟したきのこでは柄の内部は空洞になっている。

食用

フウセンタケ科

ウスフジフウセンタケ

Cortinarius alboviolaceus (Pers.: Fr.) Fr.

秋にブナ科を中心とした広葉樹林の地上に発生する。亜高山帯では夏から秋にかけてコメツガ林の地上に発生する。淡紫色をしているところから、ムラサキシメジと混同している人がかなりいる。もしかしたら食べてしまっている人もいるかもしれない。やたらに食べたりして本当に大丈夫なのだろうか。一般には食用きのこととしては扱われていない。

［特徴］傘は初めまんじゅう形で後には中央部がふくらんだ平らになる。色は淡紫色から灰紫色で絹糸状の光沢がある。ひだは柄に直生から上生し、並び方はややあらく、初めは淡紫色で後には茶褐色となる。柄は傘とほぼ同色で根もとはふくらみ、クモの巣状のつばがある。

食毒不明

ツバフウセンタケ

Cortinarius armillatus (Fr.: Fr.) Fr.

秋にカンバ類の樹下に群生する。亜高山帯では夏から秋にかけてダケカンバの根もとに発生することが多い。分布は広く、北半球の温帯以北の地域ではよく見られる。小さいときと傘が開いたときとではかなり外見に差があり、慣れないとこれが同じきのこかと我が目を疑いたくなるほどである。よく似た種類にツバフウセンタケモドキがあり、こちらはブナ林やミズナラ林の地上に発生する。

［特徴］傘は初めまんじゅう形で後に平

らに開き、表面の色は赤褐色から淡褐色で、手触りは鹿皮状。ひだは初め淡褐色で後に黒褐色となり並び方はあらく、柄に直生から湾生する。柄は淡灰褐色で中ほどに赤色のつばを持つ。その下部には朱赤色つば状の輪が一〜三個あり、これらはきのこが成熟するとあまり目立たなくなる。柄の根もとはふくらみ、表面の地肌は繊維状。

食用

オオツガタケ＊

Cortinarius claricolor (Fr.) Fr. var. *turmalis* (Fr.) Moser

夏から秋にかけてツガやコメツガなどの針葉樹林の地上に発生する比較的大型のきのこ。亜高山帯では夏にコメツガ林の地上に発生する。傘にぬめりのあるフウセンタケの仲間には数多くの種類があって区別がむずかしく、オオツガタケの仲間にも似たような種類がたくさんある。ヨーロッパでは、傘にぬめりのあるきのこはあまり歓迎されないようだが、日本ではぬめりの強いきのこは喜ばれる。

［特徴］傘は初め半球形からまんじゅう形で後には平らに開く。表面の色は橙褐色から黄褐色で強いぬめりがあり、繊維紋が見られる場合もある。ひだは初め白色で胞子が成熟すると帯土褐色となり、並び方は密で柄に上生から離生する。柄は全体が白色で、初めのうちは白色綿毛状の膜でおおわれる。柄の上部には糸くず状のつばを持ち、中程がやや太くなる場合もある。

食用

ツバアブラシメジ

Cortinarius collinitus (Sow.: Fr.) Fr.

秋にマツ類やツガ類林をはじめ、広葉樹林にも発生する。亜高山帯では夏の終わりごろからシラビソ林、オオシラビソ林、コメツガ林などの地上に発生する。「ぬめりんぼう」、「あめんぼう」などの名称で広く食用にされている。この種類は、似たような仲間が多く、日本でも最も混乱していると思われるグループである。今後の研究によっては、種名が大きく変更されるかもしれない。

［特徴］傘は初めまんじゅう形で後には開いて平らになる。表面の色は橙黄褐色で、著しいぬめりがある。ひだは柄に直生から上生し、並び方は密。色は初め淡褐色で後には褐色になる。柄は初め白色または淡青紫色の粘膜状の膜に包まれているが、後にはこの膜が裂けて黄褐色の地肌を現す。

食用

アブラシメジ

Cortinarius elatior Fr.

秋にブナ科の広葉樹林やツガ林の地上に発生する。亜高山帯では秋にシラビソ林、オオシラビソ林、コメツガ林などの地上に発生する。きのこ全体にぬめりがあり、日本人にはとても好まれるタイプの食用菌のひとつである。

［特徴］傘は初め半球形で後に中央部が盛り上がった平らになる。表面の色は茶

⬅アブラシメジ

オオツガタケ⬆

ツバアブラシメジ⬇

⬆ヌメリササタケ

⬇アブラシメジモドキ

ジンガサドク

フウセンタケ➡

褐色から紫褐色で多くのしわがあり、著しいぬめりがある。ひだは灰褐色から茶褐色で柄に上生から離生し、並び方は密。柄は下の方に向かって細くなり、白色から淡紫色で表面にはぬめりがある。

食用

アブラシメジモドキ*

Cortinarius mucosus (Bull.: Fr.) Kickx

夏から秋にかけて比較的高い山のモミ・ツガ類の林やマツ類の林に発生する。亜高山帯では夏から秋にかけてシラビソやオオシラビソなどの針葉樹林やダケカンバの下に発生する。現在アブラシメジモドキとされている種類の中にはいくつかのグループが含まれていて、将来は、これらがそれぞれ独立した種として扱われるようになる可能性がある。

[特徴] 傘は初めまんじゅう形で後には開いて平らになる。表面の色は赤褐色で著しいぬめりがある。ひだは柄に上生し、並び方はやや密で、初めはほぼ白色で後には茶褐色になる。柄はほとんど白色で上部にクモの巣膜をつける。このクモの巣膜は、成熟した胞子が付着すると茶褐色になる。

食用

ヌメリササタケ

Cortinarius pseudosalor J. E. Lange

秋にコナラ、クヌギなどの広葉樹林やツガなどの針葉樹林の地上に発生する。亜高山帯では夏から秋にかけてコメツガ林の地上に発生する。「あめんぼう」とか「ぬめりんぼう」とかの愛称で親しまれるグループの代表的なきので、舌ざわり、味ともに良い。

[特徴] 傘は初めまんじゅう形で後にはほぼ平らに開く。色は茶褐色から灰褐色で表面のぬめりは著しい。ひだは柄に上生から湾生し、並び方は密で、初めは褐色を帯びた青紫色から淡紫色、後にはさび褐色となる。柄は淡青紫色から淡紫色で表面は傘と同様のぬめりがあり、上部には糸状のつばを持つ。成熟したきのこではつばの上に胞子が落下し、つばの色も茶褐色から赤褐色となる。つばの付近で柄がやや太くなる場合もある。

食用

ジンガサドクフウセンタケ*

Cortinarius rubellus Cooke

夏から秋の初めにかけて亜高山帯のコメツガ、トウヒなどの針葉樹林の地上に発生する。今まで日本では未記録であったフウセンタケ属の有毒きのこである。ヨーロッパや北アメリカでは致命的な毒きのこのひとつとして恐れられている。幸いにも日本での中毒例はないようだが、くれぐれも注意したい。

[特徴] 傘は初め鐘形で後には平らに開き、中央部は凸形に突き出る。表面の色は橙褐色で中央部は茶褐色、表面は鱗片に密におおわれる。ひだはほぼ上生し、並び方はややあらく、色は茶褐色。柄の根もとはややふくらみ、地色は傘とほぼ同色で表面には淡黄色綿毛状の帯がある。

有毒

オオカシワギタケ＊

Cortinarius saginus (Fr.) Fr.

夏の終わりから秋にかけて主に亜高山帯のコメツガ林の地上に発生する。オオカシワギタケ亜属（*Phlegmacium*）というフウセンタケ属の中心になるグループの基準種（亜属としてまとめるときの代表種）とされている。しかし、そのわりには国内で出版された既存の図鑑類の中で鮮明な図や写真を目にする機会が少なかった。

［特徴］傘は初め半球形で後にはほぼ平らに開く。表面の色は黄褐色で褐色の放射状の文様がある。湿っているときには強い粘り気がある。ひだは柄に直生から湾生し、並び方は密で傘が開く前は白色から淡褐色、傘が開ききると茶褐色になる。柄は根もとがふくらんだこん棒状で色は傘とほぼ同色かやや淡色。表面には糸状の付着物がまだらにつく場合もある。傘が開く前はクモの巣膜は特に目立つ。

? 食毒不明

マダラフウセンタケ＊

Cortinarius scaurus (Fr.: Fr.) Fr. var. *scaurus*

秋にツガ類やモミ類などの針葉樹林の地上に発生する。亜高山帯では夏の終わりから秋にかけてシラビソ林、オオシラビソ林、コメツガ林などの地上に発生する。フウセンタケ属のきのこは種類も多く、互いによく似た外見を持つので、正確に種を同定することがむずかしいことが多い。

［特徴］傘は初め半球形で後には開いてまんじゅう形から平らになる。表面の色はくすんだウグイス色から灰緑色で紫褐色の斑点模様がある。ひだは柄に上生し、並び方は密で初め灰緑色、後には茶褐色になる。柄は傘とほぼ同色で、中程にはクモの巣膜の名残が糸状につき、根もとはこん棒状にふくらむ。

? 食毒不明

オオウスムラサキフウセンタケ＊

Cortinarius traganus (Fr.: Fr.) Fr.

夏から秋にかけて北半球の亜寒帯針葉樹林で見られる。本州中部では亜高山帯のシラビソ林やオオシラビソ林、コメツガ林が亜寒帯林に相当する。食毒は不明で、毒きのこだという説もある。一九八〇年代には富士山の亜高山帯林でよく見られたが、一九九〇年代の中頃以降は発生量が少なくなってきている。

［特徴］傘は初め球形で後にはほぼ平らに開く。表面の色は淡紫色でぬめりはない。ひだは柄に直生から上生で並び方はややあらく、初めは淡褐色で後には茶褐色となる。柄は傘とほぼ同色で根もとはやや太くなり、表面は真綿でおおわれたようになっている。きのこの肉色は褐色で、全体に刺激臭がある。

? 食毒不明

↑オオカシワギタケ

←マダラフウセンタケ

オオウスムラサキフウセンタケ↓

⬆キアブラシメジ

⬇ショウゲンジ

ヒダホテイタケ➡

キアブラシメジ

Cortinarius vibratilis (Fr.) Fr.

夏の終わりから秋にかけてマツ類、ツガ、モミなどの針葉樹林の地上に発生する。ときにはブナ科の広葉樹林に発生することもある。亜高山帯では、夏から秋の初めにかけてシラビソ林、オオシラビソ林、コメツガ林などの地上に発生する。味は苦い。

［特徴］傘は初め丸山形できのこが生長するとほぼ平らに開く。表面の色は黄褐色でぬめりがある。ひだは柄に直生から湾生で初めはクリーム褐色、きのこが生長すると黄褐色になる。柄は白色で中央部がやや太くなり、クモの巣状のつばを持つ。

食不適

ヒダホテイタケ＊

Leucocortinarius bulbiger (Alb. et Schw.: Fr.) Singer

秋に標高の高い場所にあるモミ属の林に発生する。亜高山帯では夏の終わりから秋にかけてシラビソ林やオオシラビソ林の地上に発生する。フウセンタケ属にごく近いきのこだが、ひだは、きのこが成熟しても白いままである。属名の*Leucocortinarius*は、白いフウセンタケという意味である。

［特徴］傘は初め半球形からまんじゅう形で後にはほとんど平らに開く。表面の色は、淡赤褐色から粘土褐色で、白色の付着物がつくことが多い。ひだは柄に上生し、並び方は密で白色。きのこが成熟してもひだの色は変わらない。柄はひだとほぼ同色で根もとは塊茎状にふくらみ、初めのうちは傘と柄の間にクモの巣膜があり、表面はややささくれ状。

食毒不明

ショウゲンジ

Rozites caperata (Pers.: Fr.) Karst.

秋にアカマツ林、ツガ林、コメツガ林などの針葉樹林の地上に発生する。亜高山帯では、夏から秋にかけてコメツガ林やシラビソ林、オオシラビソ林の地上に発生する。別名「ぼうずたけ」とか「こむそうたけ」と呼ばれる。いずれにしても抹香臭い名である。きのこの出始めが編笠をかぶった虚無僧《こむそう》に似ているところからこんな呼び名も生まれたのであろう。しかし名前に反して優秀な食用菌のひとつで全国各地で食用にされている。

［特徴］傘は初め半球形から卵形で後には平らに開く。表面の色は黄土色や帯紫褐色で放射状の浅いしわがある。ひだは柄に直生から離生まで変化に富み、並び方はやや密、初めは淡褐色で、後にはさび褐色となる。柄は傘とほぼ同色または淡褐色で根もとはいくぶんふくらむ場合もありつばを持つ。つばは落ちやすい。

食用

アカタケ＊

Dermocybe sanguinea (Wulf.: Fr.) Wünsche

夏から秋にかけて亜高山地帯のトウヒ林やコメツガ林などの地上に発生する。このアカタケは北半球の亜寒帯を中心に分布し、北方系のきのこのひとつである。日本は国土面積が狭いにもかかわらず、アカタケのような北方系のきのこをはじめ、南方系のきのこも多数分布している。日本列島はきのこ列島でもある。

［特徴］傘は初めまんじゅう形で後には平らに開く。表面の色は暗赤褐色で、ほとんどの場合傘の表面はなめらかであるが、ごく細かい鱗片が付着する場合もある。ひだは柄に直生から湾生し、並び方はややあらく、初め傘と同じ暗赤褐色だが後にはさび褐色となる。柄は傘とほぼ同色、または、より黒みがかっている。表面には繊維紋がある。

? 食毒不明

オウギタケ科

フサクギタケ＊

Chroogomphus tomentosus (Murrill) O. K. Miller

秋に、マツ類、モミ類、ツガ類などの針葉樹林の地上に群生する。亜高山帯では夏から秋にかけてコメツガ林に発生する。同じ仲間にクギタケというきのこがあり、マツ林などで見られる。フサクギタケは、クギタケに比べると高冷地が好きなようで、最も多く見られるのは亜高山帯のコメツガ林などである。

［特徴］傘は初め丸山形で、最後には平らに開く。表面は綿毛状の軟毛におおわれていて、色はややくすんだ橙色から橙黄色。ひだは柄に直生からやや垂生し、並び方はあらい。初めは傘とほぼ同じ色だが、後に黒褐色になる。柄は、傘とほぼ同様で表面は傘と同じような綿毛状の軟毛でおおわれる場合もある。柄の上部に糸くずのようなつばの痕跡があることもある。

食用

キオウギタケ＊

Gomphidius maculatus (Scop.) Fr.

秋に標高の高い地域にあるカラマツ林に発生する。亜高山帯では夏から秋にかけてカラマツ林に発生する。きのこを採集してしばらくすると、全体が黒ずんでくる。近縁のオウギタケ同様に食用になる。

［特徴］傘は初めまんじゅう形で後には開いて平らになり、最後には杯状に反り返る。表面の色は黄白色から淡褐色で黒いしみができる。ひだは柄に垂生し、並び方はあらく、色は初め白色で後には黒っぽくなる。柄は白色で表面に黒いしみがあり、根もとが黄色くなることもある。

食用

↑アカタケ

←キオウギタケ

↓フサクギタケ

アミハナイグチ

オオキノボリイグチ

ウツロベニハナイグチ

オニイグチ科

オオキノボリイグチ＊
Boletellus mirabilis (Murrill) Singer

　夏から秋にかけて亜高山帯のコメツガ林の腐朽木上に発生する。日本では亜高山帯林だけで報告されているきのこで、北アメリカでも発生することが知られている。コメツガの朽ち木上に発生するため、木に登るイグチということでオオキノボリイグチという和名がつけられた。富士山でのきのこ観察会で採集されたり、八ヶ岳の亜高山帯林で大量に発生したこともある。しかし、全国的に見れば発生は少ないきのことといえる。

［特徴］傘は初めまんじゅう形で後にはやや平らに開く。表面の色は暗赤褐色でところどころに淡黄褐色の模様があり、小さなささくれで密におおわれている。管孔は柄に離生し、初め淡黄色で後にオリーブ黄色。孔口は傷つけると橙黄色に変色する。柄は傘よりやや淡色で根もとは著しくふくらむ。柄の上部にはあらい網目模様がある。

食用

イグチ科

ウツロベニハナイグチ＊
Boletinus asiaticus Singer

　夏から秋にカラマツ林内に発生する。亜高山帯では夏から秋にかけてカラマツ林の地上に発生するほか、コメツガ林で見られることもある。別名をアジアカラマツイグチともいう。よく似たカラマツベニハナイグチと混同されることもあるが、ウツロベニハナイグチの柄の内部は空洞になっていて指でつまむと簡単につぶれる。

［特徴］傘は初めまんじゅう形で後には開いて平らになる。表面の色は紫紅色で繊維状の細かいささくれにおおわれる。管孔は柄に垂生し初めは黄色で後には汚黄褐色になる。柄にはつばがあり、つばより上部は黄色、下部は傘とほぼ同色。

食毒不明

アミハナイグチ＊
Boletinus cavipes (Opat.) Kalchbr.

　夏の終わりから秋にかけてカラマツ林内の地上に発生する。亜高山帯でも夏から秋にかけてカラマツ林や、まれにコメツガ林、シラビソ林の地上に発生する。日本ではカラマツ林の固有種として広く知られているが、実際にはそれ以外の樹木にも菌根を作ることが実験的にも証明され、富士山ではカラマツ林以外でもきのこの発生が観察されている。

［特徴］傘は初め円錐形で後にはほぼ平らに開く。表面の色は黄褐色から褐色で、軟らかい鱗片におおわれる。管孔は柄に垂生し、孔口は黄色、後には汚黄

土色。柄にはつばを持ち、つばより上部は黄色で、下部は傘と同色で細鱗片におおわれる。柄の内部は空洞になっていて指でつまむと簡単につぶれる。

食用

カラマツベニハナイグチ＊

Boletinus paluster (Peck) Peck

秋にカラマツ林内の地上に発生する。亜高山帯では夏から秋にかけてカラマツ林の地上に発生する。外見上よく似ているウツロベニハナイグチは柄の内部がストローのように中空であるのに対して、カラマツベニハナイグチの柄は充実している。よく似たアミハナイグチやウツロベニハナイグチは、カラマツ以外の林でも発生するが、カラマツベニハナイグチはその名の示すとおり、今のところカラマツ林でしか確認されていない。

［特徴］傘は初め円錐形で後には中高の平らに開く。表面の色は赤紫色からばら色で、綿毛状から繊維状のささくれにおおわれる。管孔は柄に垂生し、放射状に並んでいるように見える。孔口は大型で黄色。柄は傘とほぼ同色。

食不適

コガネヤマドリ

Boletus auripes Peck

夏から秋にかけてブナ科の広葉樹林に発生する。亜高山帯では夏から秋の初めにかけてシラビソ林の地上に発生する。このように、一般には広葉樹林のきのことして知られている種類が、亜高山帯では針葉樹林に発生する例は数多く知られている。コガネヤマドリのほかにもタマゴタケ、ベニテングタケ（いずれもテングタケ科）、ヌメリササタケ（フウセンタケ科）、ヤマドリタケモドキ（イグチ科）など数多くある。

［特徴］傘は初め半球形で後にはほぼ平らに開く。表面の色は、金茶色から暗褐色でぬめりはない。管孔は柄に上生し、鮮黄色。柄は傘とほぼ同色で、表面には細かい網目模様がある。

食毒不明

アシベニイグチ＊

Boletus calopus Pers.: Fr.

夏から秋にかけてシラビソやツガなどの針葉樹林やブナ科の広葉樹林の地上に発生する。亜高山帯では夏にシラビソ林やウラジロモミ林の地上に発生する。この仲間のうちでは最も早く発生するきのこのひとつで、梅雨明け直後から大量に発生することもある。山地から亜高山帯にかけての比較的涼しい地域で多く見られるきのこのひとつである。中型から大型になり、しっかりしているが味は苦く食用にならない。また、有毒であるという説もある。

［特徴］傘は初めまんじゅう形で後にはほぼ平らに開く。色は淡褐色から淡灰褐色。表面は初めひび割れが見られる。管孔は黄色で傷つけると青変する。初めは柄に直生し、傘が開くにしたがって離生になる。柄は赤色で上部は黄色

↑カラマツベニハナイグチ

←アシベニイグチ

コガネヤマドリ↓

⬆ヤマドリタケモドキ

⬇オオダイアシベニイグチ

バライロウラベニ

イロガワリ ➡

がかる。表面には網目模様があり、傷つけると青変する。

食不適

オオダイアシベニイグチ*

Boletus odaiensis Hongo

夏から秋にかけてウラジロモミやシラビソなどのモミ属の針葉樹林の地上に発生する。亜高山帯では夏にシラビソ林やオオシラビソ林で多く見られる。学名のodaiensisは、奈良県と三重県の境にある大台ヶ原山にちなんでいる。本州中部地域では、植林されて三〇～四〇年たったシラビソ林やウラジロモミ林にも発生することが確認されている。

[特徴] 傘は初め半球形で後にはほぼ平らに開く。色は赤みを帯びた褐色から黄褐色で表面はなめし皮状になる。管孔は柄に上生し、初め淡黄色で後にはオリーブ色。柄は黄赤色から帯赤色で表面には不明瞭な網目模様がある。肉は淡黄色で、傷つけるとわずかに青変する。

? 食毒不明

ヤマドリタケモドキ

Boletus reticulatus Schaeff.

夏から秋にコナラやミズナラなどの広葉樹林の地上に発生することが多い。亜高山帯では、夏にシラビソやオオシラビソ、ウラジロモミ林の地上に発生する。ヨーロッパでは、このヤマドリタケモドキやヤマドリタケ、ススケヤマドリタケなどをとても珍重する。日本での人気は今ひとつだが、一部のフランス料理店やイタリア料理店ではこのきのこを使ったメニューもある。日本人好みのナメコ的な食感とは多少異なるが、様々な料理に利用できる。

[特徴] 傘は初めまんじゅう形で表面は茶褐色で、後には平らに開く。表面の色は黄褐色からオリーブ褐色で、なめし皮状からビロード状の手ざわりがある。管孔部分は初め白色、後に淡黄色からオリーブ色。柄は淡灰褐色で、表面には、はっきりした網目模様がある。よく似た有毒のドクヤマドリは柄に網目模様がなく、この点で区別できる。

食用

バライロウラベニイロガワリ*

Boletus rhodocarpus Uehara et Har. Takahashi

夏から秋にかけて亜高山帯のシラビソ林の地上に発生する。薄暗い林の中でも目立つ色と大きさのきのこで、富士山でよく見られる。

[特徴] 傘は初め半球形で後にはほぼ平らに開く。表面の色は赤紫色から暗赤色で、暗褐色の細かな鱗片でおおわれる。管孔は柄にやや上生し、淡黄色、孔口は小さく暗赤色。柄の表面の色は淡黄色で暗赤色の網目状の模様がある。この網目模様は柄の上部ほど明瞭になる。柄の根もとには白色の菌糸が付着する。きのこを傷つけるとすみやかに青変する。

? 食毒不明

ドクヤマドリ*

Boletus venenatus Nagasawa

夏から秋にかけて亜高山帯のシラビソ林やオオシラビソ林で発生する。以前にはイグチの仲間に毒きのこはないといわれていた。しかし、そのころから長野県の諏訪地域や隣の山梨県の北巨摩地域ではイグチ属のきのこによると思われる中毒が知られていた。そして一〇年ほど前に、食中毒の原因となるようなイグチ属のきのこが、ドクヤマドリとして正式に報告された。このように日本のきのこ研究はまだまだ未定であり、今まで知られていないような毒きのこがこれからも出現する可能性が十分にある。

［特徴］典型的なイグチ属のきのこで、傘は初め半球形で後にはまんじゅう形になり、表面は灰褐色でビロード状。管孔部分は初め淡黄色で後に淡褐色になる。柄は淡黄色で表面に網目模様はない。きのこを傷つけるとわずかに青変する。

有毒

コショウイグチ

Chalciporus piperatus (Bull.: Fr.) Bataille

秋にマツ類、ツガ、ナラ類の林の地上に発生する。亜高山帯では夏から秋の初めにかけてコメツガ林やシラビソ林の地上や朽ちかけた切り株上に発生する。コショウイグチの名のとおり味はきわめて辛く、食毒についてはわかっていないが、食用のアミタケと間違えたりするとひどい目に遭う。

［特徴］傘は初め半球形で後にはまんじゅう形に開く。表面の色は茶褐色で、湿っているとき粘り気がある。管孔は柄にやや上生し、さび色。柄はほぼ傘と同色で、根もとは黄色の菌糸におおわれる。

食不適

キンチャヤマイグチ

Leccinum versipelle (Fr.) Snell

夏から秋にかけてカバノキ科の樹木の下に発生する。亜高山帯ではダケカンバの下に発生する。漢字で書けば金茶山猪口という字があてられる。名前のとおり傘の表面は明るい茶色で、絵本の題材にでもなりそうなきのこである。ヨーロッパでは代表的な食用きのことして扱われている。

［特徴］傘は初め半球形で、後には開いて平らなまんじゅう形になり、表面の色は明るい茶色から橙黄色。管孔は柄に上生から離生する。孔口は白色から灰白色、柄は白色で表面に黒色の鱗片が多数ついている。

食用

キイロイグチ

Pulveroboletus ravenelii (Berk. et Curt.) Murrill

夏から秋にかけてアカマツとコナラなどの混ざった林の地上に発生する。亜高山帯では夏にコメツガ林の地上に発生する。小型から中型のきのこだが、非常に鮮やかな黄色をしているため、薄暗い林内でもよく目立つ。

［特徴］傘は初め半球形で後にはほぼ平らに開く。表面の色はレモン黄色で中央部はやや褐色を帯びる。湿っているときは表面には多少ぬめりがある。管孔は初め淡黄色で後には褐色になる、柄は傘とほぼ同色で、つばを持つ。こ

⬅ドクヤマドリ

コショウイグチ⬇

⬆キンチャヤマイグチ

キイロイグチ➡

↑ハナイグチ

シロヌメリイグチ →

ベニハナイグチ ↓

のつばはきのこが若いうちは膜状で、傘の裏側の管孔部分をおおっている。

食用

ハナイグチ＊

Suillus grevillei (Klotz.) Singer

夏から秋にかけてカラマツ林の地上に発生する。亜高山帯でも夏から秋にかけてカラマツ林に発生する。カラマツ林では最も一般的なきのこで、各地で食用きのことして利用されている。ほかの菌根性きのこに比べると降雨に対する反応が速く、いつもより降水量が少ない年でも、ある程度の量の雨が一度降れば比較的素早くきのこが発生する。また、胞子を林の地面に散布することによって増殖することができるようになり、特産品のきのことして利用しようとする試みも行われている。

［特徴］傘は初め半球形で後には開いてほぼ平らになる。表面の色は赤褐色から黄褐色で、著しいぬめりがある。管孔は初め鮮黄色で後には汚黄色になり、柄に直生する。柄は黄色から赤褐色でつばを持つ。柄の表面にも多少ぬめりがある。

食用

シロヌメリイグチ＊

Suillus laricinus (Berk. in Hook.) O. Kuntze

梅雨の終わりごろから秋にかけてカラマツ林の地上に発生する。亜高山帯でも夏から秋にかけてカラマツ林に発生する。広く使用される和名はシロヌメリイグチだが、その一方でクロヌメリイグチとも呼ばれる。シロとクロ、まったく正反対の呼び名だが、このきのこの傘の色はそれほど変化に富んでいるという証拠のひとつである。広く食用にされ、親しまれている。

［特徴］傘は初め半球形から円錐形で後には開いてほぼ平らになる。表面の色は汚白色、灰緑色、暗褐色など様々で、強いぬめりがある。管孔は、白色から灰白色で後には灰褐色になり、柄に直生からやや垂生する。柄は傘とほぼ同色で上部にはつばがあり、それより下は傘の表面と同様ぬめりがある。

食用

ベニハナイグチ＊

Suillus pictus (Peck) A. H. Smith et Thiers

夏から秋にかけてゴヨウマツ類の林内の地上に発生する。亜高山帯では夏にチョウセンゴヨウの下に発生することが多い。食用になる。

［特徴］傘は初め円錐形で後にはほぼ平らに開く。表面の色は濃赤色から帯紫赤色で、後に退色し帯褐色となり繊維状の鱗片を密生し、ときにややぬめりがある。管孔は柄に垂生し、黄色、後には黄褐色で、やや放射状に並ぶ。柄の表面はつばより上は黄色、下部は傘と同色。つばは消失しやすい。きのこが傷つくとゆっくり黒変する。

食用

ゴヨウイグチ＊

Suillus placidus (Bonorden) Singer

夏に高山帯のハイマツの下や、夏から秋にかけてストローブマツなどのゴヨウマツ類の林の地上に発生する。亜高山帯では夏にチョウセンゴヨウの下に発生する。

[特徴] 傘は初め半球形で後にはまんじゅう形に開く。表面の色は初め白色、後には黄色から黄褐色で、ぬめりがある。管孔は柄に直生からやや垂生し、初め白色、後には淡黄色。柄は白色、後に淡黄色となり紫褐色から灰褐色の粒点を持つ。

食用

キノボリイグチ＊

Suillus spectabilis (Peck) Singer

夏から秋にかけてカラマツ林内の朽ち木上や地上に発生する。亜高山帯でも夏から秋にかけてカラマツ林内の朽ち木上に発生する。朽ちた木の上に発生することからキノボリイグチの名がつけられた。

[特徴] 傘は初め円錐形で後には平らに開く。表面の色は赤色で、傘に張りついたような灰色の鱗片におおわれ、ぬめりがある。管孔は柄に直生し、黄色からオリーブ褐色。柄にはゼラチン状のつばを持ち、つばより上は黄色、下は帯赤オリーブ灰色。肉は傷つけると淡紅色から褐色に変色する。

食用

アケボノアワタケ

Tylopilus chromapes (Frost) A. H. Smith et Thiers

夏から秋にかけてブナなどの広葉樹林やモミ類やツガなどの針葉樹林の地上に発生する。亜高山帯では夏から秋にかけてシラビソ林やオオシラビソ林、コメツガ林などの地上に発生する。人里近くというよりも奥山に多いきのこである。東アジアと北アメリカ東部で発生が記録されている。

[特徴] 傘は初め半球形で後にまんじゅう形に開く。表面の色は淡紅紫色で、手触りはなめし皮状。管孔は柄に離生し、初め白色で後には淡い紫褐色となる。柄は表面に淡紅紫色のうろこ状のささくれをつけ、根もとは黄色になる。

食毒不明

ウラグロニガイグチ

Tylopilus eximius (Peck) Singer

夏から秋にかけてブナ科の広葉樹の下や、モミ類などの針葉樹林の地上に発生する。亜高山帯では夏から秋にかけてシラビソ林やオオシラビソ林などに発生する。これまで多くの図鑑類には食用きのこだと書かれていたが、最近、このウラグロニガイグチによると思われる中毒例を耳にするようになった。

[特徴] 傘は初め半球形で後にはまんじゅう形からほぼ平らに開く。表面の色はこげ茶色から暗赤褐色で表面はビロード状。管孔は柄に離生し、紫褐色から黒褐色。柄は灰紫色で表面に紫褐色の細かい点がついている。

有毒

キノボリイグチ

ゴヨウイグチ

ウラグロニガイグチ

アケボノアワタケ

⬆コゲイロハツタケ

ニガイグチ➡

⬇クサイロハツ

ニガイグチ*

Tylopilus felleus (Bull.: Fr.) Karst.

夏から秋にかけて亜高山帯のシラビソ林やコメツガ林、トウヒ林などの地上や朽ちかけた根株上などに発生する。味はきわめて苦く、発生数はあまり多くないといわれているが地域によってはかなり頻繁に採集される。

［特徴］傘は初め半球形で後にはまんじゅう形に開く。表面の色は淡褐色から黄褐色でほとんどなめらか、ぬめりはない。管孔は柄に湾生もしくは上生気味、初め白色で、後には淡紅紫色になり、傷ついた部分はやや褐色に変化する。柄は傘とほぼ同色で、中程から上部にかけて網目模様がある。

⊗ 食不適

ベニタケ科

コゲイロハツタケ*

Russula adusta (Pers.: Fr.) Fr.

夏から秋にかけて亜高山帯のシラビソ林やオオシラビソ林の地上に発生する。クロハツやクロハツモドキに似ているが、それらよりもさらに大型になることが多い。

［特徴］傘は初めまんじゅう形で縁部が内側に巻くが後には平らに開いて中央部がくぼむ。表面の色は平滑、初めはほとんど白いがまもなく灰褐色から帯黒色に変わり、湿っているときは粘り気がある。ひだは柄にやや垂生し、白色で傷つければ黒色のしみを生じ、並び方は密。柄は白色、手で触れればしだいに黒変する。

? 食毒不明

クサイロハツ

Russula aeruginea Lindbl. apud Fr.

夏から秋にかけて、主にカバノキ属の木の下に発生する。亜高山帯では夏にダケカンバ林や針葉樹のシラビソ林などに発生する。カワリハツの緑色タイプのきのこと似ているが、クサイロハツは硫酸第一鉄水溶液をつけると淡い桃色に変色する。

［特徴］傘は初めまんじゅう形で後には平らに開く。表面の色は草色から灰緑色で周辺部には放射状の溝線がある。ひだは柄に離生し、並び方は密で互いに脈でつながり、初め白色、後にはやや黄色がかる。柄は白色で、内部は空洞になっている。

? 食毒不明

シロハツ

Russula delica Fr.

夏から秋にかけてマツ類やモミ類などの林の地上に発生する。亜高山帯では夏にシラビソ林やオオシラビソ林に発生する。きのこ自体はかたくしまっていて食用になるといわれている。しかし、肉はボソボソしていて口あたりは悪い。ロシアではこのきのこでピクルスを作る。似た仲間にシイ、カシ、コナラなどの広葉樹の林内に発生するシロハツモドキがあり、こちらは有毒である。シロハツモドキのひだは並び方がきわめて密である。

［特徴］傘は初め中央部がくぼんだまんじゅう形で後にはじょうご形に開く。表面の色は白色で、古くなると黄土色になることもある。ひだは白色、並び方はやや密で、柄に直生からやや垂生する。ひだのつけ根は淡青色になる。柄は白色で太く短い。

⚠ 食注意

クサハツ

Russula foetens Pers.: Fr.

夏から秋にかけて各種林内の地上に発生する。亜高山帯では夏にシラビソ、オオシラビソ、コメツガなどの林に発生する。亜高山帯林での発生量は年によって大きく変化する。その原因は、気象条件にあるらしい。クサハツの名前のとおり不快臭があり味も辛い。

［特徴］傘は初め半球形で後にはほぼ平らに開く。表面の色は淡褐色から黄褐色で、ぬめりがあり周辺部には放射状の溝がある。ひだは淡黄褐色で褐色のしみがある。柄の表面は白色から淡黄褐色で、内部は空洞になっている。

食不適

アシボソムラサキハツ*

Russula gracillima J. Schaeffer

夏から秋にかけてカバノキ属の木の下に発生すると書いてある内外の図鑑が多い。また、図鑑によってきのこの色が大きく違っているため同定にあたってとまどうことも多かった。ところが、サーナリ氏（一九九八）の欧州のベニタケ属図鑑には、色の違うきのこがすべて同じ種類として扱われているのを見て疑問が氷解した。亜高山帯では夏にコメツガ林やシラビソ林などに発生する。

［特徴］傘は初め中央部分がとがったまんじゅう形で、後には平らに開く。表面は赤紫色、淡紫色、赤色など変化に富み、ややぬめりがある。ひだはクリーム色で並び方はやや密、柄に直生またはやや上生する。柄は細く、表面は淡赤紫色を帯びることもある。きのこはやや辛みがある。

? 食毒不明

イロガワリシロハツ

Russula metachroa Hongo

夏から秋にかけてマツ類やナラ類の混ざった林内地上に群生する。亜高山帯では夏にシラビソ林やオオシラビソ林に発生する。外見上は、シロハツやシロハツモドキなどに似ているが、きのこを割ってなめてみると強い辛みがある。

［特徴］傘は初めまんじゅう形で開くと浅いじょうご形になり、表面の色は白色。きのこが古くなると汚黄色に変わ

イロガワリシロハツ

アシボソムラサキハツ

シロハツ

クサハツ

イロガワリベニタケ

ヤマブキハツ

オキナクサハツ

る。ひだは白色で傘と同様古くなると褐色のしみができ、並び方は密で柄に直生する。柄は傘とほぼ同色で、傷つけるとしだいに黄褐色に変色する。

食不適

ヤマブキハツ*

Russula ochroleuca (Pers.) Fr.

夏から秋にかけて様々な広葉樹林や針葉樹林内に発生する。亜高山帯では夏にシラビソ林やオオシラビソ林、コメツガ林などに発生する。どちらかというと冷涼な気候を好むようで、本州中部では標高の高い地域で多く見られる。

［特徴］傘は初めまんじゅう形で後には平らに開き、表面の色はレモン黄色。ひだは柄にほとんど離生し並び方はやや密で色は白色から淡いクリーム色。柄は初め白色で後には灰色がかる。表面には縦じわがある。

? 食毒不明

イロガワリベニタケ

Russula rubescens Beardslee

夏から秋にかけてアカマツ林やツガ林、モミ林などの地上に発生する。亜高山帯では夏から秋にかけてコメツガ林に発生する。ベニタケ属にはこれ以外にもイロガワリ○○と称するきのこがあるが、これほど印象的に色彩が変化するものはない。採集したきのこを一晩放置しておいたらまったく違う色に変色してしまったという経験もある。

［特徴］傘は初めまんじゅう形で後には平らに開く。表面の色は初め赤から褐色がかった赤色で後には色あせる。表面は湿っているときにやや粘り気ある。ひだは初め白色で後には淡黄色がかる。並び方は密で柄に離生する。柄は白色。傘の縁部、ひだ、柄ともに手で触ったり傷つけたりすると初め赤変し、後には黒色に変色する。

? 食毒不明

オキナクサハツ

Russula senis Imai

夏から秋にかけてナラ類やシイなどのブナ科の林の地上に発生する。亜高山帯では夏にコメツガ林に発生する。味は非常に辛く、悪臭がある。ところが、ナメクジなどは平気でこのきのこを食べる。蓼《たで》食う虫も好き好きという言葉どおり、生き物の好みは様々である。

［特徴］傘は初めほぼ半球形で後には平らに開く。表面の色は黄褐色から茶褐色で、やや粘り気があり、周辺部には溝状のしわがある。ひだは初め白色で後には汚白色となり、並び方はやや密。柄に直生からやや垂生する。柄は茶褐色から淡褐色で表面には黒褐色の斑点がつく。

有毒

ヌメリアカチチタケ*

Lactarius hysginus (Fr.: Fr.) Fr.

夏から秋にかけてシラビソ、コメツガなどの亜高山帯針葉樹林の地上に発生する。乳液をなめると辛い。

[特徴] 傘は初めまんじゅう形で後には反り返って杯状になる。表面の色は赤褐色で、あまり目立たない同心円状の模様があり、中央部の色が濃く、湿っているときぬめりがある。ひだは柄に垂生し、クリーム色から淡黄土色で傷つけても変色しない、並び方はやや密。柄はやや短く、淡褐灰色、表面には灰褐色の斑点状の浅いくぼみが目立つ。乳液は白色で量が多く変色しない。

? 食毒不明

アカモミタケ

Lactarius laeticolorus (Imai) Imazeki

秋にモミ、ウラジロモミ、シラビソなどのモミ属の木の下や林内に発生する。亜高山帯ではシラビソ林やオオシラビソ林に発生する。きのこが土の中に埋もれていることもある。味の良い食用きのこのひとつで、きのこご飯などにして利用できる。よく似たきのこにアカマツ林などで見かけるアカハツがある。アカハツを傷つけたときに出る乳液は時間がたつと青緑色に変わる点でアカモミタケと区別できる。

[特徴] 傘は初め丸山形で中央部はややくぼみ、後には開いて反り返ることもある。表面の色は淡橙色から淡橙黄色で、同心円状の模様がある。ひだは傘と同色かやや濃色で並び方はやや密。柄に直生する。柄は傘とほぼ同色で表面には楕円状のくぼみがある。きのこを傷つけると朱紅色の乳液が出るが変色はしない。

食用

クロチチタケ*

Lactarius lignyotus Fr.

夏から秋にかけて亜高山帯のコメツガ林やシラビソ林の地上に発生する。地味なきのこなのであまり目立たない。北欧や北米にも分布することが知られている。スカンジナビア半島の高緯度地域では比較的見つけやすい種類であるが、南の地域では発生は少ないといわれている。

[特徴] 傘は初め中央部分がふくらんだまんじゅう形で後にはほとんど平らに開く。開いた後でも中央部分には小さな突起部分が残る。表面の色は黒褐色で、放射状の小じわがあり、手触りはビロード状。ひだは柄に垂生し、並び方はややあらく、色は白色。柄は傘とほぼ同じ色。乳液は初めは白色で、しだいに紅変する。

? 食毒不明

ウグイスチャチチタケ*

Lactarius necator (Bull.: Fr.) Karst.

夏の終わりから秋にかけてトウヒやシラカンバなどの木の下に発生する。亜高山帯では夏から秋の初めにかけてトウヒの下などに発生する。味は非常に辛い。

[特徴] 傘は初めまんじゅう形で後には平らに開き、中央部がくぼみ、縁部は内側に巻き込む。表面の色は汚オリーブ色で粘性がある。縁部には微毛がある。ひだは柄に直生し、色はクリーム色、古いきのこでは黒褐色になる。並び方は密。柄は傘とほぼ同色で、やや粘性があり、

クロチチタケ

ヌメリアカチチタケ

ウグイスチャチチタケ

アカモミタケ

キイロケチチタケ

カラマツチチタケ

シロカラハツタケ

表面には楕円形のくぼみがある。

食毒不明

カラマツチチタケ＊

Lactarius porninsis Rolland

夏の初めから秋にかけてカラマツ林の地上に発生する。亜高山帯でも夏から秋にかけてカラマツ林に発生する。その名のとおり、カラマツ属の樹木と共生関係にあり、しかもあまり樹齢の高くない林で発生が多く見られる。ほかのチチタケ属のきのこに比べると乳液の量も少なく、色の変化もない。

［特徴］傘は初めまんじゅう形で後には平らに開き、中央部がややくぼむ。表面の色は橙黄色で同心円状の模様がある。ひだは柄に垂生し、並び方はややあらく、傘表面よりも淡色。柄は淡橙褐色で柄の内部は空洞になっていて、根もとには毛状の菌糸が付着する。

食不適

シロカラハツタケ＊

Lactarius pubescens (Fr.) Fr.

夏から秋にかけてカンバ類の木の下に発生する。亜高山帯では夏にダケカンバの下に発生する。中部以北でよく発生し、きのこを傷つけると白色の乳液を出し、味はきわめて辛い。

［特徴］傘は初め中央部分がへこんだまんじゅう形で最後にはじょうご形に開く。表面の色はほとんど白色で周辺部分は綿毛状の毛でおおわれている。ひだは柄に直生から垂生し並び方は密、色は白色。柄は傘とほぼ同色で、内部は空洞になっている。

食不適

キイロケチチタケ＊

Lactarius repraesentaneus Britz.

夏の終わりから秋の初めのごく短い期間だけ亜高山帯のシラビソやオオシラビソなどのモミ属の林の地上に発生する。亜寒帯などの寒い地方のきのこで、スウェーデンやノルウェーのモミ属の林内でも見られる。一九八〇年代には富士山の海抜二〇〇〇メートル以上の針葉樹林帯に多数発生していたが、一九九〇年代の中頃から発生量が極端に減少している。

［特徴］傘は初め中央部のくぼんだまんじゅう形で後には開いてじょうご状に反り返る。色は淡卵黄色で表面はかたい毛でおおわれる。ひだの並び方はやや密で淡黄色。柄に直生する。柄は傘とほぼ同色で表面には楕円形のくぼみがあり、内部は空洞になっている。きのこを傷つけると初め白色の乳液を出し、やがて紫色に変色する。乳液は辛苦い。

食不適

キハツダケ

Lactarius tottoriensis Matsuura

秋にモミ類やマツ類の林の地上に発生する。亜高山帯では秋の初めにシラビソやオオシラビソ林に発生する。日本のきのこは名前がつけられていない種類が多い。また、よく調べてみたら様々な理由から学名が違っていたという例もある。このキハツダケもそのひとつで、以前には *L. flavidulus* という名前が一般的に使用されていたが、最近の研究で *L. tottoriensis* というのが本来の名前であることがわかった。食用きのことして扱われるが、モミ類の樹下に発生するきのこには苦みのあることが多い。

［特徴］傘は初め中央部がくぼんだ平たいまんじゅう形で後に浅いじょうご形に開く。表面の色は淡い黄色から淡黄褐色。ひだの並び方は密で淡黄色。柄は傘とほぼ同色。きのこを傷つけると初め白色の乳液が出て後には青緑色に変色する。

食用

トビチャチタケ＊

Lactarius uvidus (Fr.: Fr.) Fr.

夏から秋にかけてカバノキ属やトウヒ、モミ属の林の地上に発生する。亜高山帯では夏から秋の初めにかけてシラビソ林やオオシラビソ林、トウヒ林、ダケカンバ林などで見られる。分布は、北半球の温帯以北とされているが、発生の中心は緯度の高い地域だといわれている。日本でも亜高山帯で見られることが多い。

［特徴］傘は初めまんじゅう形で、後にはほぼ平らに開く。表面の色は灰褐色でぬめりがある。ひだは柄に直生またはやや垂生する。並び方は密で、色はクリーム色。柄はほぼ白色で、表面にはわずかにぬめりがある。乳液は白色でしだいに紫色に変わる。

食毒不明

アンズタケ科

アンズタケ

Cantharellus cibarius Fr.

夏から秋の初めにかけてモミ、ツガ類の林や広葉樹林の地上に群生する。亜高山帯では夏にシラビソ林やオオシラビソ林に発生する。乾シイタケやマツタケの香りをきらう人がいる。いわゆるかび臭がだめなのであろう。しかし、このアンズタケの香りをきらう人はあまりいない。なぜならば、その名のとおりアンズの実のような良い香りだからである。もちろん食用になり、味にもクセがない。

［特徴］きのこは全体がオレンジ色から卵黄色。傘の表面はほぼなめらかで中心部がくぼむ場合もある。ひだしわは互いに脈状に連結しあい、柄に垂生する。柄は傘よりやや淡色の場合もある。

食用

アンズタケ

キハツダケ

トビチャチチタケ

◀ミキイロウスタケ

カベンタケ▼

ホウキタケ▶

ミキイロウスタケ

Cantharellus infundibuliformis (Scop.) Fr.

秋にブナ科の広葉樹林の地上に群生する。亜高山帯では夏から秋にかけてシラビソ林やオオシラビソ林、コメツガ林などで発生する。分布は世界的だといわれている。このように分布の範囲が広いきのこは、分類学者によって様々に異なる考えが示されていて、このミキイロウスタケも *Cantharellus tubiformis* というきのこの変種とする考え方もある。

［特徴］傘は初めじょうご形で表面の色は緑褐色から淡黄土色。下面は黄灰白色で脈状のしわひだがある。柄は汚黄緑色。

? 食毒不明

シロソウメンタケ科

カベンタケ

Clavulinopsis pulchra (Peck) Corner

秋に各種の林内の地上に群生する。亜高山帯では秋にシラビソ林やオオシラビソ林に発生する。外見上は、カベンタケモドキに似ているが、カベンタケモドキは子嚢菌類というグループに属していて両者には類縁関係はまったくない。このように和名だけだと紛らわしい場合がときどきある。

［特徴］きのこは舌状からへら状で根もと以外は卵黄色。柄状に伸びた根もとは白色。

? 食毒不明

ホウキタケ科

ホウキタケ

Ramaria botrytis (Pers.: Fr.) Ricken

秋に各種の林の地上に発生する。亜高山帯では夏にコメツガ林やシラビソ林に発生する。各地で「ねずみたけ」「ねずみあし」などと呼ばれ、親しまれている食用きのこである。ときとして弱い苦みのあることもあるが、地方名の多さは優秀な食用きのこである証明にもなる。場所によっては巨大なシロを形成し、一か所で大量に採れることもある。

［特徴］きのこはサンゴ状で先端部分を除いて白色。先端部分は桃紫色から紫褐色。根もとはひとつにまとまって太く、地中深く埋まっている。

食用

ラッパタケ科

ウスタケ
Gomphus floccosus (Schw.) Singer

夏から秋にかけてモミ類の林の地上に発生する。亜高山帯では、夏から秋の初めにかけてシラビソ林やオオシラビソ林に発生する。小型から大型まで大きさは様々で、硫酸第一鉄の水溶液をつけると薄い青緑色に変色する。消化器系に作用する毒性分を含んでいる。

［特徴］きのこはラッパ形からじょうご形で内側は朱色から橙褐色。外側は肌色から淡褐色でしわひだが多数あり、根もとは朱色。

有毒

オニウスタケ＊
Gomphus kauffmanii (Smith) Corner

夏から秋にかけて山岳地帯の針葉樹林内に群生する。亜高山帯ではシラビソ林やオオシラビソ林に発生する。一見するとフジウスタケに似ているが、きのこの表面の鱗片はフジウスタケよりも大きく荒々しい感じがする。ラッパタケ属では最大のきのこである。

［特徴］きのこは初め円柱状で後には頂部が開いてラッパ状になる。色は汚黄土色できのこの内側には大きな鱗片を持つ。きのこの外側はしわひだになり、傷つけると赤紫色に変色する。

食毒不明

フジウスタケ
Gomphus fujisanensis (Imai) Parmasto

夏から秋にかけてモミ類やツガ類などの針葉樹林の地上に発生する。亜高山帯では夏にシラビソ林やオオシラビソ林、コメツガ林で発生する。ときとして道ばたの野生きのこの売店で売られているのを目にするが、調理法によっては中毒することもある。煮こぼせば食用になると書いてある本もあるが、毒成分（アガリシン酸、ノルカペラ酸）は確実に含まれている。中途半端な料理をして中毒するくらいなら食べない方がよい。

［特徴］きのこはラッパ形からじょうご形で内側は淡褐色。ささくれが多数ついている。外側は白色から淡褐色のしわひだが多数ある。

有毒

ハナビラタケ科

ハナビラタケ
Sparassis crispa Wulf.: Fr.

夏から秋にかけてカラマツやアカマツを初めとする針葉樹の根もとや切り株に発生する。特にカラマツ林に多い。亜

↑フジウスタケ
オニウスタケ→
↓ウスタケ

クロカワ

カノシタ

ハナビラタケ

高山帯でも夏にカラマツの根もとに発生する。食用になるため、地域によっては「からまついたけ」と呼ばれて利用されている。しかし、その一方で、カラマツなどの木の内部を腐らせる病原菌でもあり、林業上はあまり喜ばれていない。

［特徴］きのこの色は淡黄色から白色で、きのこが生長するとハボタンのようになる。肉は薄くて柔軟で弾力がある。

食用

カノシタ科

カノシタ

Hydnum repandum L.: Fr.

夏から秋にかけて主として針葉樹林の地上に群生する。亜高山帯では夏から秋にかけてシラビソ林やオオシラビソ林に発生する。シロカノシタ（*Hydnum repandum* L.: Fr. var. *album* Quél.）はきのこ全体が白くなった変種である。分布は広く世界的で、各地で食用にされている。

［特徴］傘は初めまんじゅう形で後には平らに開く。表面の色は卵黄色から黄色、肉質は柔らかくてもろい。傘の裏面は針状で、白色。柄は白色から卵黄色で傘の中心よりずれた位置につく。シロカノシタの傘は初めまんじゅう形で後にはほぼ平らに開く。表面は白色で、肉質は柔らかくてもろい。傘の裏側は針状。柄は白色で傘の中心からはずれてつく。

食用

イボタケ科

クロカワ

Boletopsis leucomelas (Pers.: Fr.) Fayod

秋にアカマツ林内の地上に群生する。亜高山帯ではシラビソ林やオオシラビソ林に発生する。「くろっと」、「ゆのはな」、「うしびたい」など様々な呼び名がある。これほど多くの地方名がついているということは、全国各地で利用されていることの証でもある。ただ、きのこ自体は苦みが強く、決して万人向きのきのこではない。

［特徴］傘の表面は灰白色から黒色で、なめし皮状またはごく細かい短毛でおおわれる場合もある。傘の裏面は白色で管孔状、傷つけると赤紫色から黒紫色に変色する。柄は傘と同色で太い。

食用

ニオイハリタケ

Hydnellum suaveolens (Scop.: Fr.) Karst.

秋にモミ類の林の地上に発生する。亜高山帯では夏の終わりから秋にかけてシラビソ林、オオシラビソ林、ウラジロモミ林などに発生する。きのこにはアンズのような香りがある。

［特徴］傘は平らな皿状で形はほぼ円形

に近い。表面の色は中央部が淡褐色、周辺部が白色で、凸凹している。傘の裏側は針状で色は灰青色、針は柄の部分にもつく。きのこの断面には同心円状の模様がある。

食不適

ニオイハリタケモドキ

Hydnellum caeruleum (Hornem.: Pers.) Karst.

秋にモミ類やツガ類などの針葉樹林の地上に発生する。亜高山帯では夏の終わりから秋にかけてシラビソ林やオオシラビソ林、コメツガ林に発生する。ニオイハリタケはアンズの香りがするが、ニオイハリタケモドキは香りがない。

［特徴］傘は平皿状で、表面の色は帯褐色から暗褐色であるが、周縁部では白色でしばしば青みを帯びる。傘の裏面は針状で灰色からチョコレート色。柄は不整円柱状で、表層では淡橙褐色のフェルト質。肉は革質で、きのこを二つに裂くと断面には青みを帯びた同心円状の模様がある部分とない部分がはっきりと分かれている。

食不適

ケロウジ

Sarcodon scabrosus (Fr.) Karst.

秋にマツ林やツガ林の地上に発生する。亜高山帯では夏から秋にかけてコメツガ林に発生する。きのこの下の土の中には、青みがかった菌糸のかたまりがあり、その内部には菌根という独特の組織が形成されている。（菌根については本文参照）。この菌糸のかたまりを一般に「シロ」と呼ぶ。しっかりしたシロが形成されるとその場所にはほかのきのこが入り込めなくなる。

［特徴］傘は初めまんじゅう形で後には平らに開いてじょうご状になる。色は茶褐色から灰褐色で、傘の表面はささくれ状になる。傘の裏側は灰褐色の針が多数ついている。柄は傘とほぼ同色だが、根もとは青黒色になる。きのこは苦い。

食不適

サルノコシカケ科

ツガマイタケ*

Osteina obducta (Berk.) Donk

夏から秋の初めにかけて、コメツガやカラマツなどの枯れ木上に発生する。中部地方の亜高山帯林ではよく見られる。

［特徴］きのこはさじ形から扇形で根もとは狭くなる。表面の色は白色から褐色で、無毛。きのこの裏側は白色、管孔はごく細かい。柄は側生で白色から褐色、無毛、ほとんど確認できないほど短いこともある。

食不適

カイメンタケ

Phaeolus schweinitzii (Fr.) Pat.

梅雨の終わりから秋にかけてカラマツ林、シラビソ林やマツ類の林の中で見られる。亜高山帯では夏から秋の初

ニオイハリタケ↑

←ケロウジ

ニオイ
ハリタケモドキ↓

⬅ツガノマンネンタケ　カイメンタケ⬇

ツガマイタケ➡

めにかけてカラマツ、シラビソ、オオシラビソなどの切り株付近や生きている木の地際、ときとして幹からも発生することがある。針葉樹類の根株心腐病の病原菌として有名で、林業にとってはやっかい者である。一方で、老齢木を枯死させることによって森林の若返りを促す役割もあるといわれる。

［特徴］きのこはいわゆるサルノコシカケ型で初めはオレンジ色から黄褐色で後には赤褐色から茶褐色に変わる。表面は一般的に毛羽立ち、裏面には黄褐色から褐色の管孔が並ぶ。きのこは一年生で、秋の終わりごろには黒褐色に変色し、腐ってしまう。きのこの出始めと腐る直前とでは、外見が著しく異なる。

食不適

でおおわれる時期（きのこが成熟したとき）がある。

食不適

マンネンタケ科

ツガノマンネンタケ*

Ganoderma valesiacum Boudier

夏から秋にかけてツガ類やモミ類の枯れ木上に発生する。亜高山帯では夏から秋の初めにかけてコメツガなどの倒木上に発生する。マンネンタケの名前にもかかわらず、秋の終わりから翌春にかけて虫に食われたりして、きのこは一年でボロボロになってしまう。また、時期によっては表面にうるし塗り様の光沢が出たり、チョコレート色の粉（胞子）をふいたようになったりする。

［特徴］傘は半円形から扇形で表面は初め黄色から赤褐色、後には赤褐色からほとんど黒色になる。裏面は管孔になっていて緑黄白色。きのこの表面には同心円状の模様があり、光沢のある時期（若いとき）とチョコレート色の粉

きのこを通して森を見る

—亜高山帯林のきのこの生態から見えること—

前頁の写真
カラマツ林に発生したカラマツチチタケ

I　きのこの生活

きのことは何者か

数年前の冬に小学校三年生の総合的学習の時間を担当することになりました。内容は「きのこに関すること」という何となく漠然とした依頼でした。そこで、三年計画できのこについて一通りの話を聞いてもらえるならという条件つきで引き受けることにしました。ところが引き受けてから少し困ったことがおきました。息子の理科の教科書を借りて、その内容を確認してみたのですが、きのこについてはほとんど書かれていません。そのようなわけで、きのことは何者なのかということから話を始めることにしたのです。

きのこブームとやらで、最近はテレビの科学番組あるいは生活関連番組などできのこ特集が組まれることがあります。職業柄その種の番組は、できるだけ見ておくように心がけています。いっしょに見ていた息子や娘が、「きのこはかびの仲間です。」という解説者の発言を聞いて、いやな顔をしました。かびという言

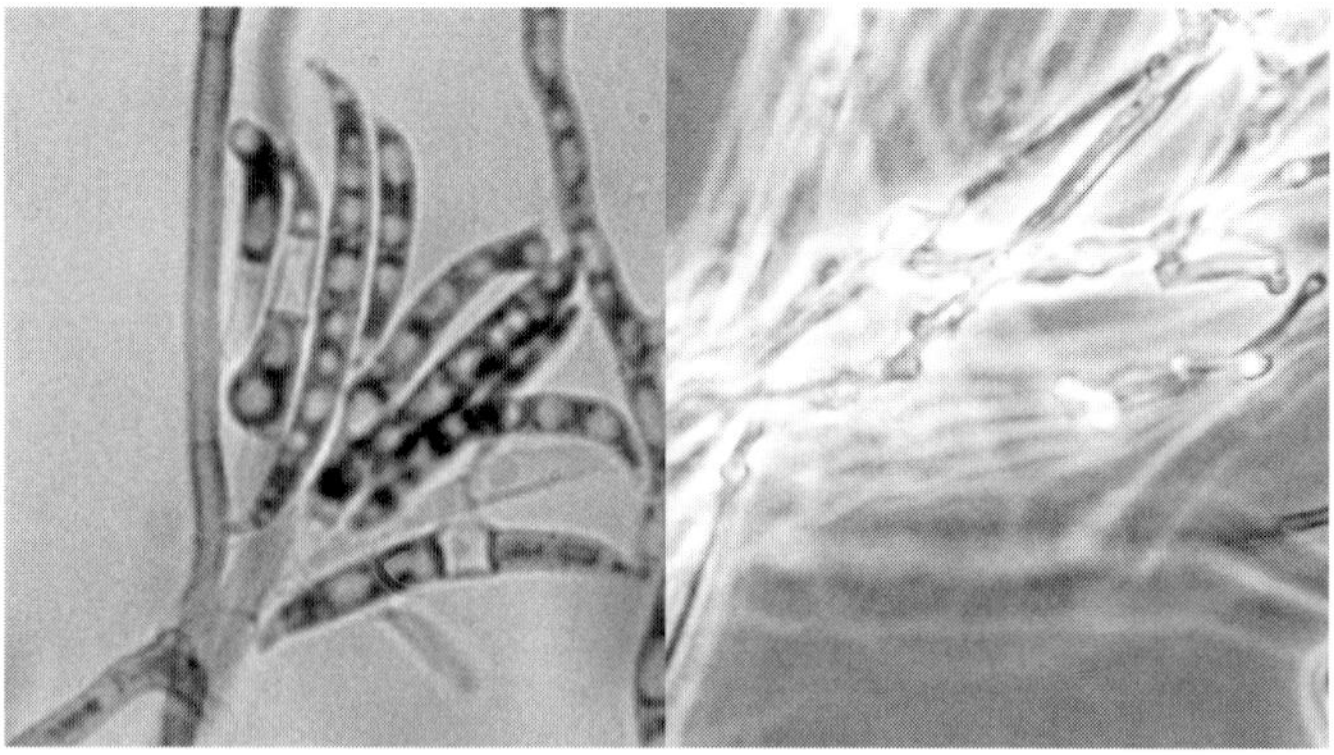

写真1　きのこ（右）とかび（左）の菌糸
右：ヒラタケの菌糸。こぶ状にふくらんでいる部分は、クランプコネクションと呼ばれる。左：ムギ類赤かび病菌。中央部のバナナ状のものは胞子。

葉にはあまり良いイメージがないようです。総合的学習のときの三年生の中にもこの話を聞いたとたんに顔をしかめる子がいました。後で聞いてみたところ、この話を聞いてからしばらくきのこを食べなかった子もいたようです。

きのこの説明に入る前に、かびとはいったい何者かについて簡単に紹介します。きのこやかびの仲間は、生物の分類上は菌類と呼ばれるグループに含まれています。三〇年以上前の理科の教科書では、菌類も植物の仲間として扱われていました。現在は、植物でも動物でもない第三の生物グループとして考えられています。その本体は、ごく細い（一ミリメートルの一〇〇分の一前後）糸状の細胞が細長く糸のようにつながった菌糸がたくさん集まって形づくられています。そして植物のタネと似たような働きを持つ胞子によって繁殖します。かびの菌糸や胞子を肉眼で直接見ることは不可能で、これらを観察するためには顕微鏡を使わなくてはなりません。古くなった食パンの表面にオレンジ色や緑色の丸い斑点が出ることがありますが、これらが肉眼で見ることができるほどに生長したかびとその胞子のかたまりです（写真1、図1・2）。

きのこと呼ばれている生き物の本体も、かびと同じように菌糸です。数多くのかびの中で、胞子を作る器官が特に大型になり、顕微鏡を使わなくても見えるようになったものをきのこと呼んでいるのです。食用にするマツタケやシイタケ、

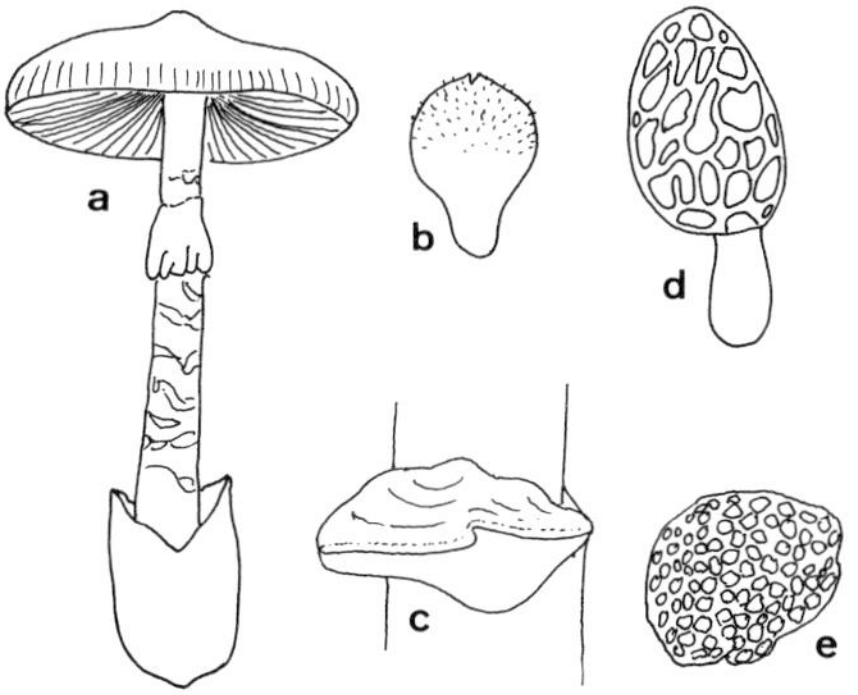

図1　肉眼で観察することができる様々なきのこの仲間　a：タマゴタケ（担子菌類）　b：ホコリタケ（担子菌類）　c：コフキサルノコシカケ（担子菌類）　d：アミガサダケ（子嚢菌類）　e：イボセイヨウショウロ（子嚢菌類）

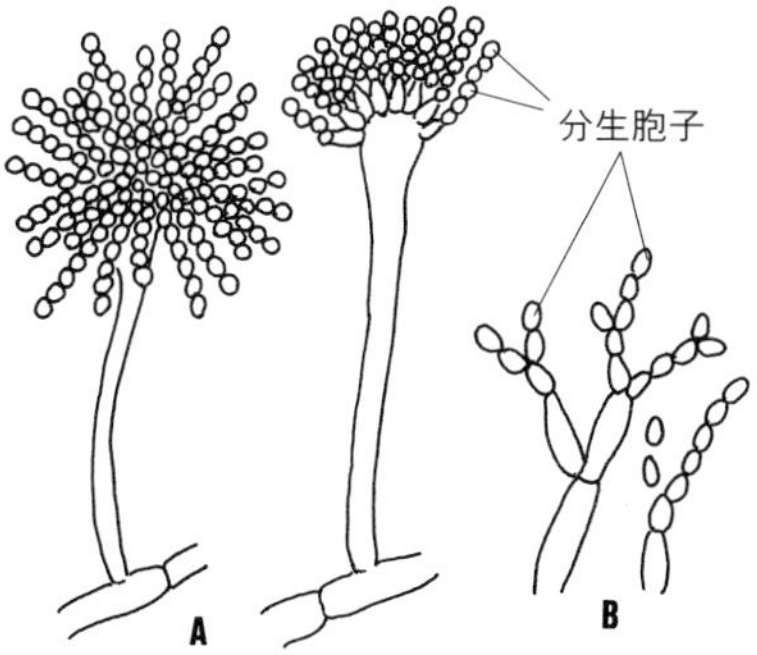

図2　かびの仲間　A：味噌や醤油をつくるコウジカビ、B：アカパンカビ。それぞれの分生胞子がどのように作られているかを示している。この様子は肉眼では見ることができないため、顕微鏡を使って描いた。

エノキタケなどがこの部分です。ためしに、開ききったシイタケの傘を黒っぽい紙の上に一晩伏せておいてみましょう。朝になるときのこの形のままに白い模様が描き出されてます。この模様を描いたのが胞子の集団です。一般にきのこと呼ばれている部分は、生物学上は子実体《しじったい》と呼ばれていて、植物でいえば花に近い働きをしています。きのことは、菌類の体の一部で、繁殖のために胞子を作る器官のことです。つまり、ごくおおざっぱにたとえれば、きのこはかびの花と考えられます。ただ、誤解されると困るのですが、植物の花とまったく同じというわけではありません。

きのこが出ていないときに、その本体である菌糸はいったいどこにいるのでしょうか。きのこ狩りに出かける人はたいてい、目の前に出ているきのこにばかり気を取られてしまって、その本体についてはほとんど無関心です。多くの場合、きのこの本体である菌糸は、土の中や枯れ木の中、重なり合った落ち葉のすき間そして樹木の根の表面やその内部などで生活しています。一本のきのこを生やすためにはたくさんの菌糸のかたまりである菌糸体《きんしたい》が必要です。

一般の人がきのこと聞いて思い浮かべるのは、シイタケやナメコのように傘と柄を持つ姿でしょう。もう少しきのこに興味のある人は、マイタケのようなきのこも思い浮かべるかもしれません。実際、屋外で野生きのこの勉強会などの催しのときに自由にきのこを採ってきてもらうと、採集品は実に変化に富んでいます。傘と柄を持つ一般的なきのこばかりを集めてくる人が最も多いのですが、サルノコシカケの仲間やチャダイゴケの仲間（いずれも菌類です）、さらにはツチトリモチやオニク（これらは菌類が作ったきのこではなくて、いずれも寄生植物です）まできのことして採集してくる人もいます。このように、きのこという言葉が示す範囲は人によって様々で、はっきりした定義もありません。さらに、きのこという呼び方は生物学、特に生物分類学上の正式名称ではありません。便宜上、肉眼で確認できる菌類の子実体をひとまとめにしてきのこと呼んでいるのです。きのこという集団は、菌類の分類学上では異なるグループである子嚢菌《しのうきん》類と担子菌《たんしきん》類（注）の両方にまたがっています。子嚢菌類に属するきのこの代表はトリュフです。そして担子菌類に属するのはマツタケやマイタケなどです。生物の名前やグループをカタカナで表すと、それは生物学上ではっきりと定義づけられた集団を表すというルールがあります。ところがきのこには、これまでに紹介したように

（注）子嚢菌類と担子菌類

子嚢菌類は、現在三万種以上が知られています。実際には、これよりもはるかに多くの種類があると考えられていて、菌類の中で最大のグループです。この仲間に共通しているのは、有性生殖を行った後に、子嚢という袋の中に子嚢胞子と呼ばれる胞子を作る点です。この子嚢がたくさん集まって肉眼的に見えるようになったものが子嚢果で、これがいわゆる「きのこ」です（写真3）。胞子を入れる子嚢は、きのこの表面や内部に作られます。代表的なものには、トリュフ類やチャワンタケ類があります。また、肉眼的には見えない種類では、かび類の一部や酵母類の一部も子嚢菌類に含まれます。

担子菌は、約二万五千種が知られています。この数は研究が進めば今後さらに増えていくと考えられています。この仲間に共通しているのは、担子器という組織の中で二つの細胞核が融合して、さらに減数分裂を行った後に、担子胞子と呼ばれる胞子を担子器の上に作る点です。この担子器をまとめるように形作られたのが子実体で、これがいわゆる「きのこ」です（写真2）。担子器は、きのこのひだや針、管孔に形成されます。代表的な担子菌類は、マツタケやシイタケ、サルノコシカケ類などです。これ以外にもきのこを形成しないサビキン類（図3、図12）やクロボキン類も担子菌類の仲間です。また、一部の酵母類やかび類の中にも担子菌類に含まれるものがあります。

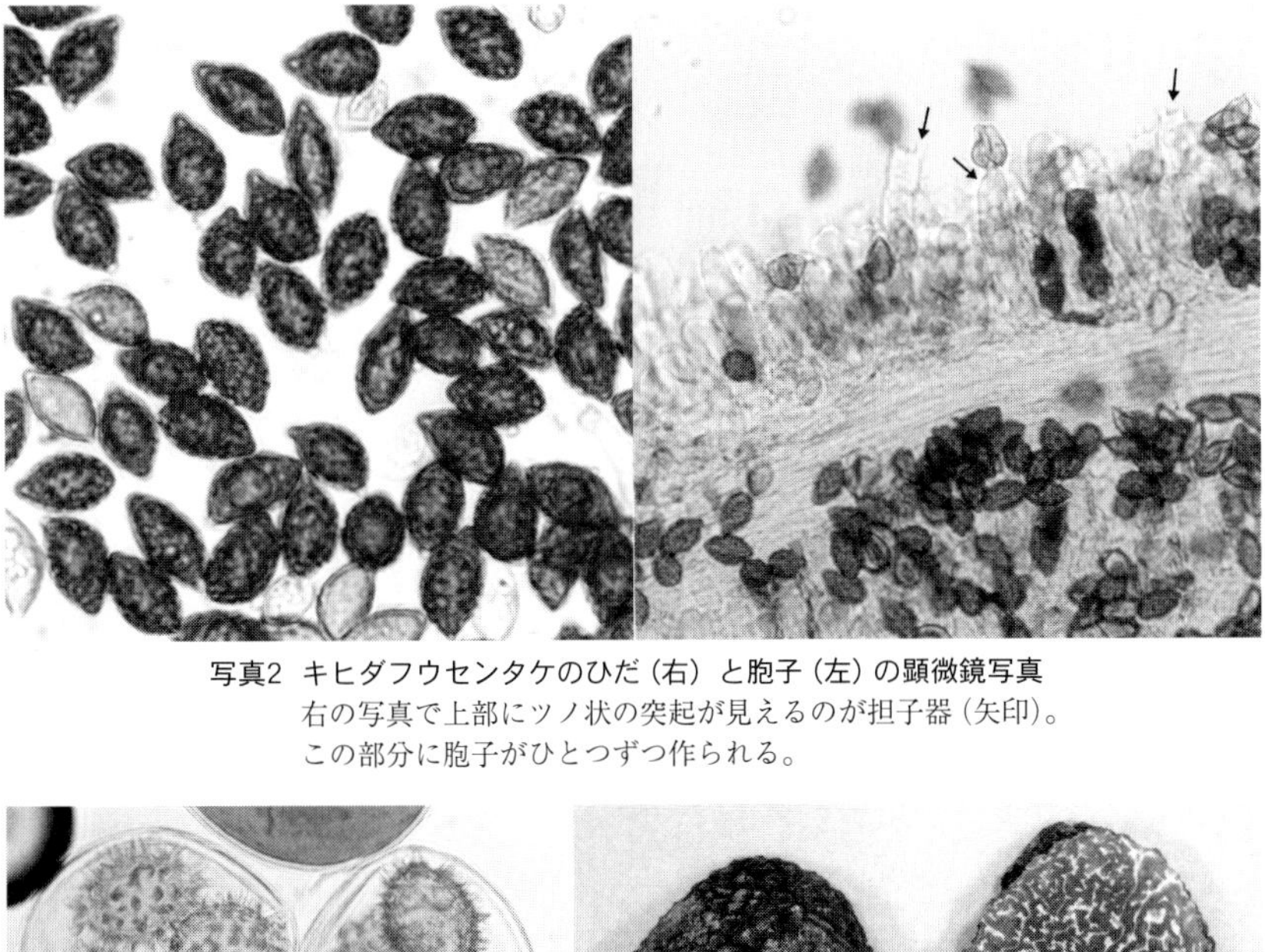

写真2　キヒダフウセンタケのひだ（右）と胞子（左）の顕微鏡写真
右の写真で上部にツノ状の突起が見えるのが担子器（矢印）。
この部分に胞子がひとつずつ作られる。

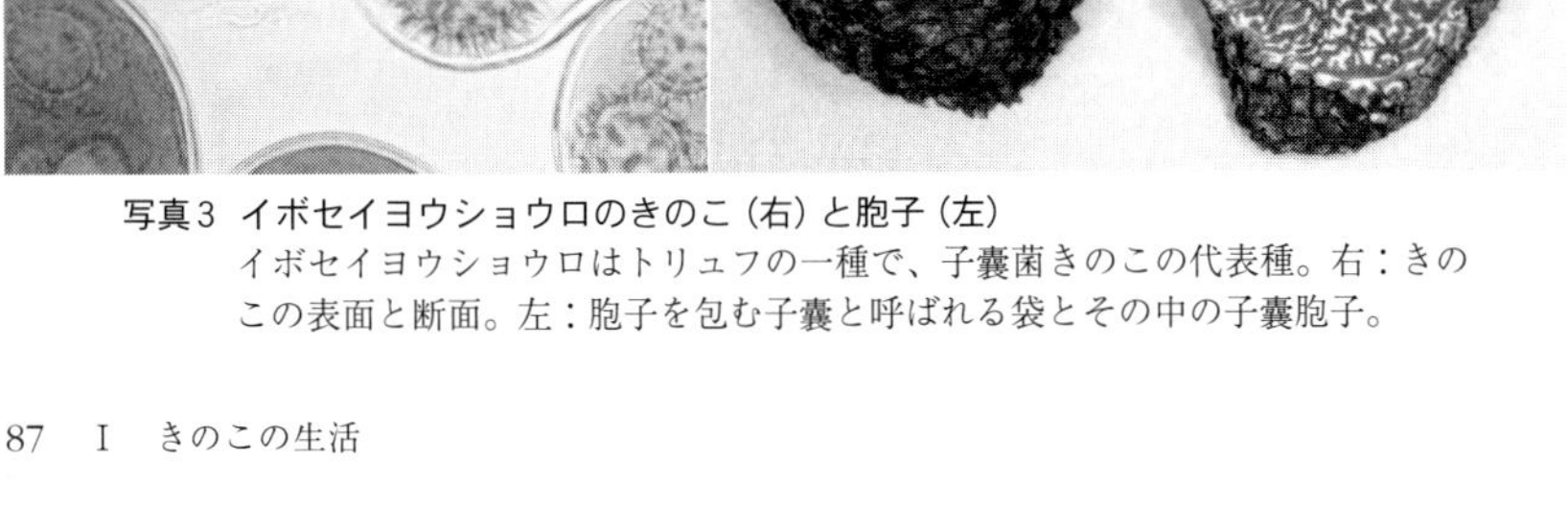

写真3　イボセイヨウショウロのきのこ（右）と胞子（左）
イボセイヨウショウロはトリュフの一種で、子嚢菌きのこの代表種。右：きのこの表面と断面。左：胞子を包む子嚢と呼ばれる袋とその中の子嚢胞子。

誰もが納得するようなはっきりした定義がありません。そこで本書では、新聞などで使用されているキノコというカタカナ表記は使用せずに、きのこと平仮名で表します。

きのこは木の子

きのこの正体がおぼろげにでも理解できたら、次にはきのこの生活を少し覗いてみましょう。前には、菌類の分類上での分け方にもとづいてきのこを考えました。ここでは、生態（生活方法）できのこを分けることにします。生態によって区別すると、きのこは大きく二つのグループに分けられます。ひとつはシイタケ、ヒラタケ、ナメコ、エノキタケ、マイタケなどのように店先でいつでもお目にかかれるグループです。もう一つは、マツタケやトリュフに代表されるような、いわゆる高級食材として利用されるきのこ類です。トリュフは別として、ここに挙げたきのこは、傘と柄があるという点では同じように見えます。では、二つのグループはいったいどこが違うのでしょうか。実はこの二つのグループは、生活の仕方が異なっているのです。ここではその違いについて、少し詳しく紹介します。

枯れ木もいつかは土になる　—木材腐朽性のきのこ—

シイタケに代表される第一のグループは、生活のための養分を枯れ木や落ち葉などから得ています。山の中で枯れ木に生えるサルノコシカケ類もこの仲間に含まれます。自然界では、このグループのきのこが枯れ木や落ち葉などを分解して最後には土に返すという物質循環の一部を担っています。落ち葉や枯れ枝は毎年必ず出るのに、山の中が落ち葉で埋め尽くされてしまわないのは、きのこを含む菌類やそれ以外の小さな生き物たちがせっせと落ち葉などを分解しているからです。これらの生き物は分解者と呼ばれます。

倒木や枯れ木などに含まれる物質の中でも特に分解されにくいのはリグニンと呼ばれる物質です。この物質は、植物の組織を頑丈にする性質を持っています。木材の細胞壁にはリグニン以外にも、たくさんのブドウ糖分子が鎖状につながったセルロースやへミセルロースという物質も含まれています。このうちセルロースやへミセルロースは、きのこ以外の微生物の力でもブドウ糖にまで分解できる場合が多いのですが、リグニンを分解できる微生物はそう多くはありません。シイタケや、カワラタケ、コフキサルノコシカケなどサルノコシカケ類の一部の種類は、リグニンをある程度まで分解する能力を持っています。リグニンを分解する力を持つきのこ類は、セルロースやへミセルロースもあわせて分解することが

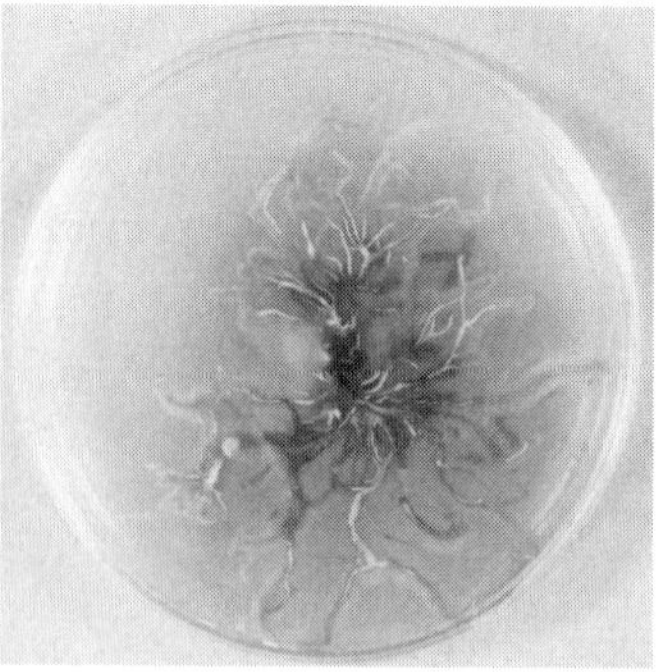

写真4　ナラタケの根状菌糸束　植物の根のように伸び広がっているのがナラタケの根状菌糸束で、たくさんの菌糸が束になってつくられている。

写真5　カンバタケ褐色腐朽菌

できます。リグニンはチョコレート色をした物質で、木材中のリグニンが分解されてしまうと残った部分は白っぽく見えます。このようなきのこを白色腐朽菌《はくしょくふきゅうきん》と呼びます。一方、セルロースやヘミセルロースは分解できるけれども、リグニンを分解する能力の弱い種類のきのこによって分解が始まった木材は、分解の後に残された部分がリグニンの色である褐色になります。このようなきのこを褐色《かっしょく》腐朽菌《ふきゅうきん》と呼び、カイメンタケ、カンバタケ（写真5）などはこの仲間です。

このように、枯れ木を腐らせてしまう力を持っている白色腐朽菌と褐色腐朽菌の両方をまとめて木材腐朽菌と呼んでいます。太い立ち枯れ木や倒木をよく観察すると、様々な木材腐朽菌が一本の木で生活しているのが見られます。これらのきのこは、木材の腐り方が進むにつれて種類が変わっていくことが観察されています。

木材腐朽菌の性質をうまく利用して、人工的に、しかも大量にきのこを発生させることによって成り立っているのがきのこ産業です。きのこ産業は、自然界の摂理をうまく活用しているため、これから必要とされる循環型の社会にも適応できるような産業です。きのこの栽培に使ったおが屑《くず》や原木は最後にはぼろぼろに朽ちてしまい、畑の堆肥としても活用されて最後には土になります。

さて、木材腐朽菌の中の変わり者として植物に病原性を持つきのこ類がありま

写真6　山火事の跡地に発生したつちくらげ病菌のきのこ　土の中の休眠胞子が山火事の熱で目を覚まし、伸びた菌糸が周辺の樹木の立ち枯れを引きおこす。

す。代表的なのは、ナラタケ類やナラタケモドキ、ツチクラゲなどです。これらのきのこは元気良く生活している樹木からでは養分を吸収できません。そこで、いったん樹木を殺したり、あるいは弱らせてからその体を分解して養分を吸収するという仲間です。広い意味では死んだ樹木を腐らせるグループに入れられるきのこですが、何とも物騒な集団です。ナラタケ類やナラタケモドキは植林された林や果樹園などでは、「ならたけ病」や「ならたけもどき病」の病原菌として恐れられています。また、ツチクラゲは、山火事跡地周辺の森林に大発生して樹木を枯らせる「つちくらげ病」の病原菌として知られています。これらは恐ろしい病原菌ですがやたらにどこにでも発生するわけではありません。耕耘機《こううんき》で根に傷がついたり、山火事などの誘因があって初めてその本性を現します。ナラタケ類やナラタケモドキは、普段は何本もの菌糸が束になって乾燥や低温などの悪条件にも耐えられる根状菌糸束《こんじょうきんしそく》（写真4）の姿で潜んでいます。ツチクラゲは、環境変化に耐えられるような能力を持った休眠胞子と呼ばれる特殊な胞子を作り、再び山火事がおこるまで何年も土の中でじっとしています。じっとしている期間は非常に長いこともあります。そしてある日、山火事の熱によって刺激を受けたこれらの胞子が目を覚まし、活動を始めるのです（写真6）。

写真7　コツメガ林の中のケロウジのシロ（右）と外生菌根（左）
右：きのこの下に見える白っぽい部分が菌糸と菌根、植物の根が含まれるシロ。左：コメツガの根についた白いかたまりが外生菌根。

共生の元祖はきのこ　―樹木と共に生きる菌根性のきのこ―

第二のグループの代表はマツタケです。このグループは、生活のために必要な養分を生きた樹木から得ています。いったいどうやって得ているのでしょうか。この謎を解く鍵は、土の中にあります。そこには当然のことながら樹木の根があります。土の中では、きのこの本体である菌糸が樹木の根といっしょに特殊な組織を形づくっています。この組織は菌根と呼ばれています。この組織は十九世紀後半にはすでに知られていました。プロシア（現在のドイツ）のベルリン農科大学のフランク教授がこれを菌根と名づけました（写真7）。

さて、この菌根の中で最も単純な関係は、一種類の樹木と一種類のきのこ、つまり一対一の関係です。これまでにも実験室のシャーレ内や管理された人工的な環境下で、きのこと樹木の一対一の関係を調べた研究例はたくさんあります。それらをまとめると次のようになります。まず、きのこの本体である菌糸は、土の中のリンを吸収し菌根を通してそれを樹木に供給しています。一方の樹木は、光合成によって作られた糖類を地中の菌根部分を通してきのこの菌糸体に供給しています。さらに樹木側では、菌根の存在によって土の中の窒素吸収にもメリットがあるといわれています。このように樹木ときのこの間には養分のやりとりにもとづいた共生関係が成り立っています。菌根共生は「共生」という言葉に関しては元祖のひとつといえます。

ここで紹介したのはあくまでも実験室で行った最も簡単な例です。実際の森林ではこれほど単純な例はほとんどありません。それは一種類の樹木が何種類ものきのこのと菌根を形成しているからです。たとえば、アカマツでは数十種類、カラマツでも一〇種類以上のきのこが菌根を作ることが知られています。一方、きのこの側から見ても同じです。たとえばマツタケはアカマツ以外にもツガ、コメツガなどに菌根を作ることが知られています。タマゴタケは、広葉樹のブナやミズナラだけでなく、針葉樹のシラビソにも菌根を作ることができます。同じテングタケ科のベニテングタケも広葉樹のシラカバと針葉樹のシラビソに菌根を作ることが観察されています。このような例は、挙げだすときりがなくなるほどたくさんあります。

話が横道にそれますが、きのこを含む菌類では、一種類の菌が広葉樹と針葉樹の両方と関係を持つというのはそれほど珍しくはありません。たとえば、植物病原菌のサビキン類にも、まったく異なる種類の植物の間を行ったり来たりするものがあります。たとえば、ナシ赤星病菌は、代表的な庭木であるカイヅカイブキと、果樹園のナシの木との間を行ったり来たりします。その結果、カイヅカイブキが近くにあると、ナシ畑は大きな被害を被ることになります。ナシ畑の周囲に

図3　ナシ赤星病菌の生活史

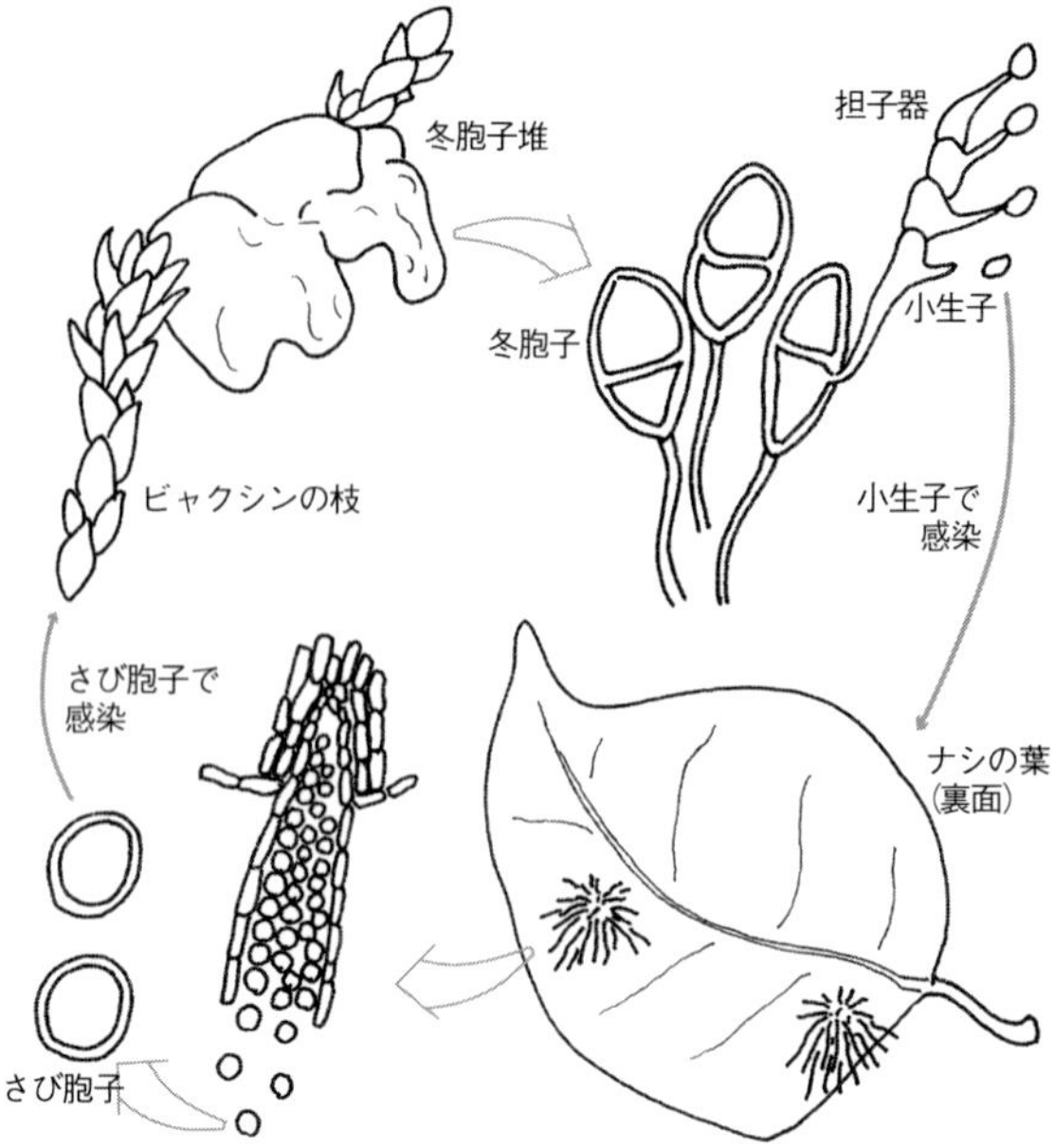

は、カイヅカイブキをはじめとするビャクシン類を植えるのは禁物です。実は、大部分のきのこ類とサビキン類は、共に担子菌類という大きなグループの一員なのです。担子菌類というのは、担子器という器官の先に胞子を作る菌類の総称です。担子器とはどういうものかについては、**写真**2や図3、図12などに示しました。

話題をきのこに戻します。様々な種類の植物に菌根を作ることができるきのこがある一方で、特定の属あるいは種類の植物とだけ菌根を作るきのこもあります。ハナイグチやシロヌメリイグチ、キヌメリガサなどのきのこは、日本ではカラマツ林だけで見られます。ベニハナイグチはゴヨウマツ類に菌根を作り、ショウロも同じようにマツ類の林（特に海岸のクロマツ林）で見られるきのこです。

針葉樹林ばかりでなく広葉樹林でも同じような例が見られます。ハンノキイグチは、その名前が示すとおりハンノキ属の植物に菌根を作ります。このような性質を持つきのこは、菌根を作る相手となる植物のえり好みも激しいといえます。

一種類のきのこが、類縁関係もあまりなさそうな様々な種類の植物との間で同じように菌根を作ることができるのは何故でしょうか、逆に、限られた種類の植物との間でしか菌根を作れないのは何故でしょうか。この疑問に対する正確な答えはまだ出されていません。

これまでの説明で、木材腐朽性にしろ菌根性にしろ、きのこを形成する菌類が、森林と密接に関わって生活しているのを少しでも理解していただけたでしょうか。地域によっては、きのこのことを「なば」、「こけ」、「たけ」などと呼んでいますが、日本のどこに行っても「きのこ」という言葉は通じるはずです。それは「きのこ（木の子）」という言葉が、森林や樹木と密接に関係しているその生態をよく言い表しているからではないでしょうか。

食か毒か？　―きのこは誰かに食べられたい？―

きのこの生態とは直接には関係がないのですが、きのこに興味を持つ人たちの最大の関心事のひとつに「食」か「毒」かということがあります。私の勤務する研究所には、きのこに関する問い合わせが年間約二〇〇件ほどあります。それ以外にも各地で催されるきのこ勉強会などに出席する機会もあり、一年間には延べ一〇〇〇人近くの人ときのこの話をします。そのうちのおよそ七割の人が「この

写真8　ツキヨタケ

写真9　ドクツルタケ

きのこは食用ですか毒ですか」という内容の質問をします。

実際、日本にはどのくらいの種類のきのこがあるのでしょうか。これについてもいろいろの説があってはっきりしません。四〇〇〇から五〇〇〇種類くらいというのが一般的な数字だといわれています。しかし、本当のところは誰にもわかりません。実際にはもっとたくさんありそうな気もします。その中で毒きのこは何種類あるのか、という質問もよく出されます。

きのこが何種類あるか、その全体像が明らかでないために毒きのこの種類数までは容易には答えきれません。鳥取市にある（財）日本きのこセンター菌蕈研究所の長沢栄史氏監修の『日本の毒きのこ』という本には、二八〇種のきのこが毒きのこあるいは中毒する可能性のあるきのことして紹介されています。さらにこれら以外にも新たに発見される可能性のある毒きのこについても解説されています。

さて、毒きのこは人間以外の生き物にとっても毒なのでしょうか。答えは「ノー」です。森の中で出会うツキヨタケやドクツルタケ、クサウラベニタケなどの代表的な毒きのこもナメクジ類やムラサキトビムシ類、オオキノコムシ類、ショウジョウバエ類などいろいろな種類の生き物にとっては重要な食料となっています。これらの例を見れば、「虫が食べるきのこは人間も食べることができる」などという毒きのこの見分け方は正しくないことがわかると思います。有毒きのこか食用きのこかなどという分け方は、あくまで人間本位の分類であって、当のきのこはまったくあずかり知らないことです。

もう一〇年以上前になりますが、映画監督の羽仁進氏から「きのこは動物に食べられたがっているのでしょうか?」という質問を受けました。そのときは、とっさに「もちろんです。」と答えました。この答えは、少なくとも間違ってはいなかったと今でも思っています。というのも、相良直彦氏は、『きのこと動物』という本の中で、きのこを食べる昆虫の消化管を通過した後もその胞子は生き続けることを紹介しています。昆虫によって食べられるきのこの大部分はハラタケ類やサルノコシカケ類で、これらのきのこが昆虫によって分布を広げていく可能性についても言及しています。こうした例を見ると、きのこは、必ずしも食べられるのを阻止するために有毒成分を含んでいるわけではないように思われます。少々うがった見方をすれば、きのこは虫に食べられたがっているともいえるかもしれません。なぜ有毒成分を持つきのこがあるのかについては、残念ながらまだよくわかっていません。

Ⅱ　富士山のきのこ

毎年八月の旧盆過ぎになると、富士スバルラインの沿線や富士山の林道沿いに多くの自動車が駐車されるようになります。ナンバーを見ると近くは関東周辺、遠くは関西地方からの自動車が目につきます。林の中からは、鈴の音や、お互いに呼び合う声が頻繁に聞こえてきます。これらの人たちのお目当ては富士山で採れる多種多様なきのこです。ほんの二〇年くらい前はこれほどの人も車も目にはつきませんでした。ところがこの一〇年くらいは、シーズンともなれば地上に顔を出すきのこの数よりきのこ採りの人間の数の方が多いのではないかと思われるくらいです。これほど多くの人が採りに入ったら、動物や植物などであったらひとたまりもなく絶滅してしまうでしょう。ところが、きのこはそう簡単にはなくなりません。何故でしょうか。

一九九二年にスミス氏を初めとする研究グループが驚くような研究結果を発表しました。アメリカ・オレゴン州の森林で、一個体のナラタケがどのくらいの広さに菌糸を伸ばしているかを調査した結果、その面積は一五ヘクタールにもなることがＤＮＡ解析によって明らかになりました。さらにその寿命は約一五〇〇年と推測されました。このように、きのこの本体である菌糸体は、私たちの想像を超えるような広い範囲に伸び広がったり、ときには根状菌糸束《こんじょうきんしそく》や休眠胞子と呼ばれる耐久性のある姿に変形するなど、巧みな生活戦略を駆使してしぶとく生き抜いているのでしょう。根状菌糸束や休眠胞子については「枯れ木もいつかは土になる」のところで説明しました。

きのこの発生にとっての気象条件が不順であったために不作となる年が何年かに一度はあります。しかし、本体の菌糸体は土の中や木材の中で生きていて、翌年の気象条件が良ければたくさんのきのこが姿を現します。こうしたことは、長い間きのこの観察を続けているとごく普通におきていることがわかります。

そこでこれからは、富士山のきのこの生態について少し詳しく紹介してみようと思います。ただし、この内容は、富士山という独立峰のしかも北側の限られた場所での観察結果にもとづいています。そのため必ずしも一般的な内容にはならないかもしれないことをあらかじめお断りしておきます。

富士山はきのこの宝庫…か？

二〇〇一年と二〇〇二年の二年間、環境省が「自然環境保全基礎調査：生態系多様性地域調査（富士北麓地域）」を行いました。むずかしそうな題名からではどんな調査なのか良くわからないかもしれませんが、要するに、富士山の北側にはどんな生き物が生息しているかを調べようという大がかりな調査です。大型の動物や植物はもとより、昆虫、陸生貝類、線虫類などの無脊椎《むせきつい》動物、菌類、変形菌類、菌類と藻類の共生体の地衣類までそれぞれの専門家によって生き物のリストを作ろうという試みです。

この中で、私が担当したのは大型の菌類、つまりきのこです。わずか二年間の調査でしたが、延べ三九回調査し、八一か所できのこの発生を観察しました。その結果、発生が確認され、種名（変種名、品種名を含む）が同定されたのは一二目三八科三三九種二変種二品種でした。これ以外にも未同定の標本が百数十点手元に残っています。同定というのは、ある生物をそれまでに知られている名前にあてはめていく作業のことです。富士山周辺のきのこの種類数として、この数字が妥当であるかどうかは簡単には結論づけられません。しかし、日本の中部地方の限られた地域での調査結果としては決して少ない数字ではないと思います。ちなみに一九九六年と一九九七年に岐阜、石川両県にまたがる白山で、石川きのこ会の梅典雅、米山競一、池田良幸の三氏が実施した同様の調査では、二二科一二五種（変種、品種を含む）のきのこが確認されています。

二つの結果を比較すると富士山の方がきのこの種類は圧倒的に多いように感じます。しかし、富士山北麓では対象とした地域は海抜九〇〇メートル以上であったのに対して、白山地区では海抜一六〇〇メートル以上の亜高山地帯を調査対象としています。このため二つの結果を単純に比較することはできません。読者の皆さんは、この数字を見て富士山のきのこの種類は多いと感じるでしょうか、それともあまり大したことはないと感じるでしょうか。

富士山のマツタケ　―コメツガ林にもマツタケが―

秋になると、新聞社や放送局から電話がかかってきます。内容はどれも似たり寄ったりで、要約すれば「富士山のマツタケを取材したいのです。今、マツタケは出ていますか?」という問い合わせです。答えはいつも決まっていて、「残念ですが、半日や一日の取材ではマツタケは採れないことが多いです。しかも一本のマツタケをねらって、夜明け前から何十人もの人がきのこ採りに入っていますから、宝くじをあてるよりむずかしいですよ。それと、マツタケが出るような林の一部は、国立公園の特別保護地区に指定されていたりするので入山はむずかし

写真10　マツタケ

いですよ。」宝くじの例は少し大げさだとしても、そう簡単にはお目にかかれないのが富士山のマツタケです。

そうはいっても、富士山の森林は広く、マツタケは海抜二〇〇〇メートル付近から山麓地帯にいたるまでの広い範囲に分布しています。そのため、毎年のように何人かの幸運な人が収穫したマツタケと共にテレビや新聞に登場します。

マツタケ研究の第一人者小川眞氏によると、日本でマツタケの発生が確認されているのは、マツ属（アカマツ、クロマツ、ハイマツ）の林やトウヒ属（アカエゾマツ、エゾマツ）の林、ツガ属（ツガ、コメツガ）の林だそうです。富士山とその周辺にはこれらの樹木のうちアカマツ、ツガ、コメツガの三種があります。アカマツやツガは山麓地帯に多く、コメツガは海抜一六〇〇メートル付近から上部の亜高山帯に分布の中心があります。

コメツガは日本特産で中部以北の亜高山帯針葉樹林の代表的な樹種のひとつです。富士山四合目から五合目付近では、噴火によって地中から放出されたスコリアなどの堆積物の上に林を作っています。スコリアというのは、簡単にいえば園芸用の富士砂のことです。火山の火口からの放出物のうち、直径が二ミリメートル以上で、多孔質、暗色、鉄・マグネシウムに富む岩石の破片を指します。もう少し標高が低い三合目付近のコメツガ林はスコリアをたくさん含んだ褐色をした土壌の上に成り立っています。多くの植物が良く育つ理想的な土は、水保ちが良く、水はけも良く、手で触ってもフカフカしています。これに対して、富士山の土は、スコリアが多く含まれていて、水保ちが悪く乾燥しやすい、しかも手触りもあまり良くありません。このような土は植物にとって住みやすいとはいえません。

土の条件からみると富士山の海抜二三〇〇メートル付近のコメツガは、土ともいえないようなザラザラの砂の上に生えています。このような場所は、土の性質は強い酸性で、きのこにとって生存競争の相手となるような土壌微生物の種類や量が少なく、マツタケの菌糸が伸びるのをじゃまするような障害が少ないといえます。この状態は海抜一八〇〇メートル（三合目付近）でも同じで、標高の高い場所に比べて落ち葉の積もり方は厚くなるものの、土壌微生物の種類や量も少なく、pH値（酸性の程度を示す指数）も低くなっています。この値が低いほど酸性が強いことを示しています。このような条件はきのこにとっては好条件で、マツタケにとっても住みつきやすい土の環境になっています。

ところで、きのこの発生には地中温度が大きく影響します。長野県の石川豊治氏（一九七五）が約三〇年前にまとめたマツタケの発生と地中温度の関係についての調査結果では、九月上旬まで地中温度が摂氏二〇度以上あり、その後に一九度以下に低下して、再上昇しない年がマツタケの発生が良いとされています。

富士山の海抜二三〇〇メートル地点では、深さ一〇センチメートルの最高地中温度は一六・四度、最低温度は氷点下八・一度でした。測定期間は一九九六年から二〇〇四年までで、この後の測定値も特に断りがなければ同じ期間の値です。また、海抜一六〇〇メートル地点では、深さ一〇センチメートルの最高地中温度は二〇・九度、最低温度は氷点下四・八度でした。さらに富士山麓の山梨県森林総合研究所・富士吉田試験園（海抜八五〇メートル）でも同様の測定をしたところ、深さ一〇センチメートルの最高地中温度は二五・五度、最低温度は氷点下二・五度でした。

石川氏は、梅雨時は降水量が多く、夏は夕立があり、秋の長雨が続く年が発生が多いと述べています。さらに冷夏の年にはマツタケの発生量も少なくなることも示されています。富士吉田試験園での過去二〇年間の年間平均降水量は約一七〇〇ミリでした。これ以外の山梨県内の気象観測データにもとづいて推定すると、富士山の亜高山帯林ではおそらく二千数百ミリを超える年平均降水量があると考えられます。

冷涼な気象条件である富士山亜高山帯のコメツガ林では、この石川氏の調査結果はそのままではあてはまりません。特に富士山の亜高山帯では、一般的なマツタケ発生地とは地中温度が異なります。海抜一六〇〇メートル以上の地域では、地中温度が二〇度を超えることはほとんどなく、コメツガの根やマツタケの菌糸が生長できる期間もほかの地域に比べて短いと考えられます。このため、西日本などで見られるような大型のしっかりとしたシロが形づくられることはありません。シロというのは、マツタケをはじめとするきのこが出てくる場所を指す言葉です。きのこの住処と考えても良いと思います。さて、富士山ではそのシロがなかなか大型になりにくいために、同じシロから数年に一度しかマツタケが発生しないこともあり、シロひとつ当たりからのマツタケ発生量自体もアカマツ林に比べて少なくなる傾向があります。発生を始める時期は、海抜二〇〇〇メートル付近では八月下旬頃からです。つまり、コメツガ林の環境はマツタケにとっては、土壌条件や降水量などは適していますが地中温度が低すぎるために菌糸の生長が遅く、その結果としてきのこの発生量が制限されているようです。

その反面、富士山のコメツガ林では大きなマツタケが見られます。小川眞氏によれば、岩手山のコメツガ林でも大きなマツタケを見ることができるそうです。溶岩のすき間から林床のコケを押しのけて地上に姿を現した様は壮観です。岩のすき間をぬうようにして明るい方へと伸びていくために柄は曲がりくねっています。また、コメツガ林のマツタケはアカマツ林のものに比べて香りが強いといわれ、地元では「つがたけ」と呼んで珍重しています。富士山吉田口登山道の五合目に古くからある山小屋「佐藤小屋」にはとてつもなく太くて大きなマツタケの写真があります。近くで採れたのだそうで、昔はこんなに大きなマツタケがあったという何よりの証拠です。現在でも富士山のコメツガ林で採れるマツタケの中にはずいぶんと大きなものもあるようで、何年かに一度は地元の新聞をにぎわします。富士山や岩手山では何故大きなマツタケが採れるのか、その理由ははっきりしません。数年に一度しかきのこの出ないシロでは、毎年きのこを出すシロに比べて、きのこを発生させる力が十分に蓄えられているためかもしれません。

富士山でマツタケをいつも採ることのできるのは、ごく限られた人たちで、昔からシロの場所を知っている場合がほとんどです。十数年に一度の確率でやってくるきのこの大豊作の年には、観光客が道端のコメツガ林に入ってマツタケを採ったなどという話も聞きますが、これなどはきわめて幸運な人の例といえます。最近では、きのこ採りのマナーを無視して、林床のコケをひっくり返したり、ゴミを捨てたりとやりたい放題の惨状があちらこちらで見受けられます。マツタケやきのこだけでなく、多くの生き物は環境の激変をきらいます。亜高山帯林のように環境条件の厳しい場所では、人の手によって林が荒らされればマツタケはますます少なくなってしまうでしょう。

富士山アカマツ林のマツタケ　―今は昔の物語―

コメツガ林のマツタケについて紹介したついでに、富士山のアカマツ林のマツタケについても少しふれておきます。アカマツやツガは、コメツガに比べて低い地域に分布しています。富士山の周辺でも青木ヶ原樹海や西湖《さいこ》、精進湖《しょうじこ》の周辺、富士スバルライン沿いなどの代表的な樹木で、富士山から流れ出した溶岩がかたまった上に生えています。この場所の土は薄くて貧弱ですが、植物はその中に根を張り、溶岩のすき間に根が張りつくようにして生活しています。このような環境は、樹木にとって決して住みやすくはありません。そのため、樹齢のわりには木の生長は良くありません。しかし、マツタケにとっては、競争相手となる土壌微生物が少ないために好ましい環境となっているのです。ある程度年輩の人の昔話を聞くと、現在の富士スバルライン周辺のアカマツ林などは、林に中に入ってもはるか彼方まで見通せたそうです。かつては地元の人たちが燃料や堆肥にする落葉などをこの地域の林から得ていたからです。その結果、林の中はいつもきれいに掃除されているのと同じ状態が保たれていました。当然マツタケやそれ以外のきのこもたくさん出たそうです。ところが現在は人の手もほとんど入ることがなくなり、下草や低木が繁茂するにまかされています。林の環境が変化してくると土の中の様子も変わってきます。下草や低木が繁茂して落葉が厚く積もると、それ以前には見られなかった様々な微生物が住みつくようになり、きのこにとっては生き残りのための競争が激しくなります。多くのきのこ類は、かびや細菌類に比べて生長がゆっくりしています。中でもマツタケは菌糸の生長が遅く、ほとんどの林で競争に負けたマツタケの発生場所は限られるようになりました。そして今では、昔ほどは採れなくなってしまったということです。

今から約五〇年前に出版された千葉徳爾氏の『はげ山の研究』という本では、アカマツ林は植物の種類が置き換わっていく植生遷移《せんい》の途中に現れる林であり、人手を加えることなく放置すると、やがてはそれぞれの地域に最も適した種類の林に変わってしまうと予測されています。そのため、アカマツ林の景観を維持するためには、常に下草や低木などを取り除かなければならないと述べています。それから約五〇年を経た現在では、植物の種類が時間と共に置き換わっていく植生遷移という考え方もごく当然のこととして受けいれられています。しかし、この研究が発表される以前には、アカマツ林ばかりが増えていくとその結果として林地が荒れ、はげ山が出現して国土も荒廃するのではないかと危ぶまれた時期もあります。今は、アカマツ林の増加によって、はげ山が出現するかもしれないという説を支持する意見はほとんどありません。

富士山亜高山帯のコメツガ林は、植物の種類が置き換わるような植生の遷移がほぼ止まったままの状態にあると考えられています。このような全体としてはあまり変化しないように見える状態の森林を極相林《きょくそうりん》といいます。ここでは細々とですがマツタケの発生が続いています。そして、極端な環境の変化がなければ、このまま発生が続くと考えられます。一方、山麓のアカマツ林では下草や低木が繁ることによって、マツタケにとってはだんだんと住みにくくなってきたようです。そのため以前とは比べものにならないくらいまで発生量が減少してきています。植生遷移の途中に出てくる樹種であるアカマツが今後ますます減少すれば、この地域のマツタケも昔語りの幻となってしまうかもしれません。今後もマツタケの発生を維持するためには、下草や低木を積極的に取り除くなどの作業を行う必要があります。かつてマツタケの産地といわれた西日本の各地や長野県では、アカマツ林の環境をマツタケにとって好ましい状況に変えていくことで、減産に少しでも歯止めをかけようとしています。こうした試みが成功した例も報告されてはいますが、一度荒れてしまったアカマツ林でマツタケを発生させるのは、莫大な費用と労力を必要とすることも知っておかなければなりません。

富士山の亜高山帯林ときのこ

富士山の北側で数多くのきのこが見られるのは、カラマツ林、シラビソ・オオ

写真11　富士山亜高山帯のカラマツ天然林
樹齢は一〇〇年以上と推定され、地面は砂状になった火山噴出物がむき出しになっている。

シラビソ林、コメツガ林、ツガ林、アカマツ林などの針葉樹林とブナ林、ミズナラ林、コナラ林などの広葉樹林です。富士山はこれらの樹木がそれぞれの適地に住み分けているため、樹木ときのことの関係を調べるにはとても都合の良い山です。特に海抜一六〇〇メートル以上の地域には、カラマツ、シラビソ、オオシラビソ、コメツガなどの針葉樹の天然林が広がっています（写真11・12・13）。

これらの森林は、一般に亜高山帯林と呼ばれています。『生物学事典第四版』から、亜高山帯とはどんな所かを要約すると「亜高山帯の範囲は、本州中部では海抜一七〇〇～二五〇〇メートル、日本列島を北上するにしたがって海抜高は下がり、北海道の東北部では平地から始まっている。そこに生えている代表的な樹木の種類は、本州ではシラビソ、オオシラビソ、トウヒ、コメツガなどであり、北海道ではトドマツ、エゾマツ類が中心となっている。樹木の種類構成は単純で、大部分が常緑の針葉樹におおわれている。年間の平均気温は、六・〇～一一・五度の間にあり、林内は暗くて、林床はコケ類に厚くおおわれている。」と説明されています。地球規模の気候区分で分けると亜高山帯は、亜寒帯という気候区分にあてはまります。これらの用語から想像できるように亜高山帯林は寒冷な地域の森林の特徴を持っています。

生物学辞典では示されていませんが、富士山の亜高山帯にはカラマツの天然林

写真12　富士山亜高山帯のシラビソ・オオシラビソ天然林　樹齢は120～160年と推定され、地面はコケでおおわれている。

写真13　富士山亜高山帯のコメツガ天然林　樹齢は200～300年と推定され、地面はコケに厚くおおわれている。

が広く分布しています。カラマツは日本特産の針葉樹で、分布の中心は本州中部・関東の山地です。カラマツは植林に使用する代表的な樹種のひとつであるため、北海道にも広い面積のカラマツ林があってきわめて北海道的な風景として紹介されたりします。しかし、もともと北海道にはカラマツはありませんでした。北海道のカラマツは山に植えるために人間が持ち込んだ樹木で、人間によって植えられた林を人工林と呼びます。カラマツの天然分布の南限は、赤石山脈の南の端、北緯三五度〇八分付近といわれています。富士山のカラマツ林は、天然の分布としては南限に近いといえます。

　このような富士山の森林地帯で、一九八〇年四月十四日十四時過ぎに山梨県側の海抜三〇〇〇~三四〇〇メートル付近から発生した雪崩《なだれ》は、富士スバルラインを乗り越えて海抜二〇〇〇メートル付近にまで達しました。雪崩の幅は、約八〇〇メートルで被害面積は二三ヘクタールにおよんだという記録が残されています。この雪崩は、スラッシュ雪崩といわれるもので、海抜二五〇〇メートル以下の森林と土砂を巻き込みました。そのため、本来は樹木の下にあった火山噴出物の砂や溶岩がむき出しになり、樹木の根を含む有機物もほとんど流されてしまいました。すべての植物がなくなってしまった雪崩跡地の植生を元に戻すための様々な調査が始められ、その中のいくつかは二十一世紀の現在まで引き継がれています（写真14）。

写真14　富士山の雪崩跡地（海抜二二〇〇メートル附近）一九八〇年四月に発生した雪崩によって約二三ヘクタールの森林が流され、その跡にはいわゆる富士砂が露出している。

樹齢と共にきのこも変わる　―カラマツ林―

私は、一九八二年四月に山梨県林業試験場・富士分場（現在の富士吉田試験園）に勤務するようになりました。この年から富士山の亜高山帯針葉樹林のきのこについても調べ始めました。そのころは、樹木が生長して樹齢が高くなるとそこに共生している菌根性きのこの種類も変化するのだろうかという議論が活発になり始めた時期でした。イギリスやオーストラリア、オランダ、アメリカなど様々な国で、「樹木の生長と共にパートナーである菌根性きのこの種類も置き換わっていくのか」についての研究と議論が活発に行われるようになりました。日本でも、マツタケ増産のために行われた研究テーマのひとつとしてアカマツ樹齢と菌根性きのこの種類変化について調査が行われました。その代表的な研究例としては藤田博美氏（一九八九）の報告があります。その結果、アカマツ林では、樹木が生

写真15　キツネタケ

長するにつれて、発生するきのこの種類も変化することが明らかになりました。

　富士山の雪崩跡地でも、雪崩が発生した翌年からたくさんのカラマツの芽生えが見られるようになりました。カラマツは、養分や水分などの土壌条件が多少悪くても生長することができる、代表的なパイオニア植物のひとつといわれています。一面に生えたカラマツの実生苗を目の前にして、それにつく菌根性きのこの種類変化を調べたらおもしろそうな結果が得られるのではないかと考えました。さっそく海抜二三〇〇メートル付近で、びっしり生えたカラマツ実生苗の中に広さ四〇〇平方メートルの調査地を作り、きのこの発生を記録し始めました。比較のために、約八〇〇メートル離れたところにある樹齢一〇〇年生以上といわれるカラマツ天然林内にも、同じように四〇〇平方メートルの調査地を作りました。以後二〇年以上にわたり発生したきのこの種類と量（乾燥させたきのこの重さ）を記録し続けています。一年間に平均で一四回の調査を行い、通った回数はすでに三〇〇回以上になります。

　これまでの調査で次のようなことが確認されました。まず、芽生えてから三年目のカラマツの周囲にはキツネタケがたくさん発生してきました。それ以外にもワカフサタケや同じワカフサタケ属のきのこが発生するようになりました。キツネタケは調査を開始してから二〇年間にわたり発生が続いています。しかし、発

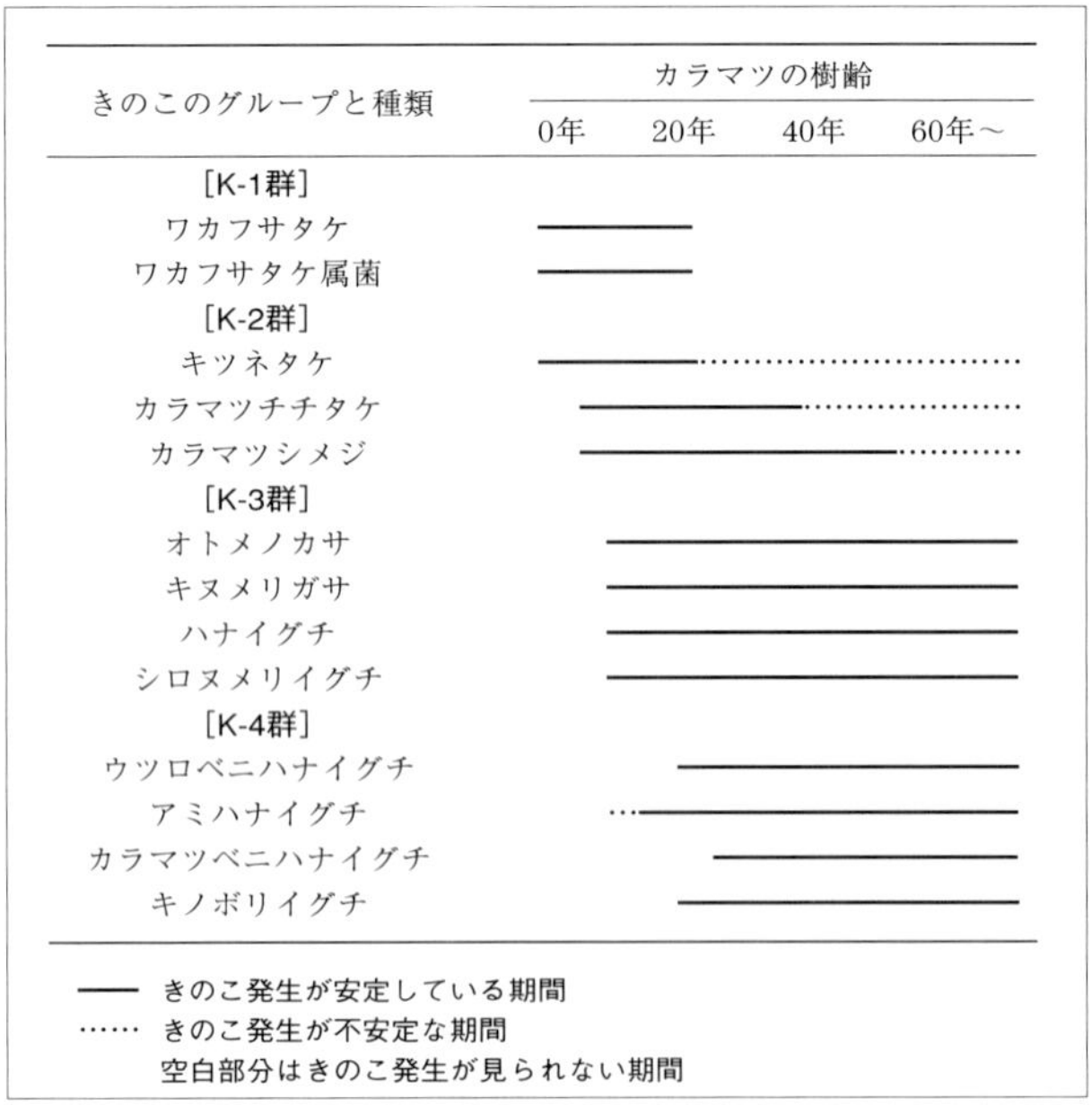

図４　富士山亜高山帯カラマツ林で観察されたきのこの発生変化の模式図
（柴田、2006を改変）

生量は、調査開始から一〇年前後をピークとしてその後は次第に減少しています。一方で、ワカフサタケや同じワカフサタケ属のきのこは、発生時期が限られていました。これらのきのこは、調べ始めてから一〇年前後までは発生していたのですが、その後はきのこが見られなくなりました（図４）。

　ワカフサタケや同じワカフサタケ属のきのこが姿を消すと今度は、カラマツシメジ、カラマツチチタケ、キヌメリガサ、オトメノカサ、ハナイグチ、シロヌメリイグチなどのきのこが少しずつ姿を現し始め、カラマツ林もだいぶにぎやかになってきます。これらのきのこが発生を始めたのは調べ始めてから一〇年ほどたってからです。

　少し離れた場所の、樹齢一〇〇年生以上といわれるカラマツ天然林でも同じような調査をしました。この林で発生するきのこの種類は、二〇年以上たった現在でも、調査を始めたころとほとんど変わっていません。発生が確認されたのはハナイグチ、キノボリイグチ、アミハナイグチ、カラマツベニハナイグチ、ウツロベニハナイグチのイグチ科のきのこやオトメノカサ、キヌメリガサなどでした。一方、カラマツチチタケやカラマツシメジは発生量がごく少なく、シロヌメリイグチやワカフサタケ、同じワカフサタケ属のきのこはほとんど発生が見られませんでした。キツネタケは発生する年としない年がありました。

富士山のカラマツ林で発生が確認された菌根性きのこの中で、日本でカラマツ林だけに見られる固有種といわれているのは、カラマツシメジ、カラマツチチタケ、ハナイグチ、シロヌメリイグチ、キノボリイグチ、カラマツベニハナイグチ、キヌメリガサです。一方、キツネタケ、ワカフサタケやワカフサタケ属の一種は、多くの種類の樹木を宿主とすることができることが確認されています。また、オトメノカサは、広葉樹との間で菌根を形成することができます。ウツロベニハナイグチとアミハナイグチはシラビソ林やコメツガ林でも発生することがこれまでに観察されています（柴田、一九九七）。

これらの結果から、富士山亜高山帯のカラマツ天然林では、全部で一三種の菌根性きのこが発生することがわかりました。樹齢の異なる林ごとにきのこの種類を比較すると、アカマツ林で藤田博美氏が観察したように、カラマツ林でも樹齢が変化するにつれて菌根性きのこの種類が交代している姿が浮かび上がってきました。また、きのこの種類交代は樹齢の若い林ほどおこりやすく、ある程度まで生長した林では、菌根性きのこの種類構成はあまり変化していないこともわかりました。

きのこの種類はなぜ変わる

生態学の用語に「攪乱《かくらん》」というのがあります。火山の噴火や洪水、雪崩、山火事、人間の活動による破壊など外部から加えられた原因によって、それまでそこにあった生態系全体やその一部が破壊されたときなどに「生態系が攪乱された」というように表現します。きのこはこのような場所にも姿を現します。攪乱された場所に発生するきのこの例が本郷次雄氏によって紹介されています（二〇〇二年）。その中にはキツネタケ属やワカフサタケ属のきのこも含まれています。

富士山のカラマツ天然林に発生する菌根性きのこのうちで、キツネタケは、今までの生態系が攪乱された後に、素早く住みつくことが知られているきのこのひとつです。このように生態系が攪乱された後に、すかさず入り込む生物のことを攪乱依存種と呼ぶこともあります。キツネタケは、雪崩によって生まれた裸地に生えてきたカラマツの実生苗にまず初めに菌根を形成すると考えられます。さらに、大きく生長したカラマツ林でも、降雨や雪解け時の流水によって表面の土が流れてしまった場所に入り込み、きのこを作ることが観察されています。このことからも、キツネタケは、カラマツの根に素早く菌根を形成する能力を持つと考えられます。

住んでいる生き物が少ないちょっとしたすき間に素早く入り込み、菌根が形成されてからきのこが発生するまでの時間が短くて、そのうえ体も小さいキツネタケのような生物をまとめてr－戦略者と呼ぶこともあります。この「r」という記号は、ごくおおざっぱにいうと個々の生物が持っている増殖率（生物の増え方の速さ）を表しています。r－戦略者というのは、急速に繁殖して仲間を増やす能力の高い生物、つまり増殖率の高い生物が該当します。もっと嚙《か》み砕いていえば、邪魔者が入ってこないうちにどんどん仲間を増やして、さっさと一生をおくってしまおうという生物のことです。菌根性きのこでは、増殖率が高いことだけでなく、菌根を作る相手の樹木の種類が多いこともこのグループの特徴のひとつに加えても良いかもしれません。もともとパイオニア植物であるカラマツ自体が、雪崩などで攪乱された環境に素早く入り込むという性質を持っているため、共生関係にある菌根性きのこの中にも攪乱を逆手にとって利用するグループが含まれているのかもしれません。カラマツの実生苗で発生が確認されたワカフサタケやワカフサタケ属の一種も攪乱地に発生しやすいきのこだといえます。

写真16　ハナイグチ

カラマツ林の固有種といわれているハナイグチも、多少なりとも*r*－戦略者的な性質を持っています。ハナイグチの菌糸が伸びていく速度はほかの菌根菌に比べると非常に速く、粉末の寒天に水と栄養分を加えてかためた寒天培地の上で、マツタケの菌糸の百倍以上のスピードで伸びることを実験室内で何度も観察しています。さらに、自然のカラマツ林でも同じようなことが観察されました。降水量がごく少なくて、乾燥した年であった一九九七年の九月三十日と十月十五日に、広さ四〇〇平方メートルのカラマツ林に降水量一〇ミリに相当する量の水をまいたことがあります。すると、散水した区画では、ハナイグチ発生本数は合計五〇本であったのに対して、比較のために散水をしなかった同じ広さの区画を調べたところ、きのこの発生は合計二三本でした。菌根全体の量も、散水した区画の方がしなかった区画よりも多くなりました。これ以外にも、ハナイグチのきのこ発生を八ヶ岳や金峰山《きんぷさん》などで観察し続けたところ、同じような例が確認されています。一九八四、一九九二、二〇〇三年は、九月から十月にかけて雨がいつもの年より少なく、中部地方の亜高山帯では、きのこが全体に不作でした。ところが、ハナイグチは、少しまとまった雨が降った後、数週間たったころからきのこの発生が始まりました。これらの実験や観察の結果から、ハナイグチは雨が降ると素早く菌糸を伸ばしてきのこを作る性質を持っていることが考えられます。このよ

写真17　シロヌメリイグチ

うに、一口に菌根性きのことといっても種類によって様々な特性を持っていることがハナイグチやキツネタケなどの例からもわかります。

ハナイグチは、カラマツというパイオニア植物と共生しています。このため、ほかのきのこにとっては厳しい環境下でも、条件が整ったときには素早くきのこを発生させることができる能力を持っているのかもしれません。このような「条件さえ整えば」グループに属するきのこは、このほかにもあります。シロヌメリイグチは、亜高山帯のカラマツ林での発生の中心は九月です。ところが、海抜一〇〇〇メートル付近のカラマツ植林地や茨城県つくば市にある（独）森林総合研究所の樹木見本園では、梅雨時の六月ごろにきのこが発生することもあります。ちなみに、私が知っている最も早いシロヌメリイグチの発生は、富士吉田試験園で確認した二〇〇二年四月二十七日です。

ひとくちに菌根性きのことといってもそれぞれの性質は様々です。キツネタケのように空き家や空き地ができればとりあえずそこに住みつく種類あり、ハナイグチのように条件さえ整えば素早く縄張りを広げてきのこを作ろうとする種類ありと実に変化に富んでいます。しかし、なぜ樹齢が変化するときのこの種類も変わってくるのかについてはよくわかっていません。樹木が小さいときは葉での光合成量も少なく、きのこの菌を養うのに足りるだけの養分を作り出すことができないからだという説や、シロを作るのに時間がかかる菌は、結果的にきのこが出始めるのが遅くなってしまうのだという説などたくさんの仮説があります。残念ながらいずれの説も決定的な答えにはなっていません。このあたりが、生き物の生活を扱う研究分野のおもしろさでもあり、むずかしさでもあるといえます。

森林の移り変わりときのこ―きのこの種類はどのように変わるか―

カラマツ林では、そこでしか見られない固有の菌根性きのこの占める割合が高く、富士山では、確認された一三種中の七種が固有種でした。カラマツがパイオニア植物であることと固有の菌根性きのこの割合が高いことの間には何か関連があるのかもしれません。撹乱によって生まれた荒廃地は、土の中の養水分が十分でないこともあり、そこに最初に住みつく植物にとっては、共生者である菌根菌の手助けが必要なのだと考えられています。富士山のカラマツも、芽が出てからしばらくの間はキツネタケやワカフサタケなどの撹乱依存種のきのこが、その後は、ハナイグチなどのきのこが生長の手助けをしているのでしょう。このようにカラマツのようなパイオニア植物が、厳しい自然環境の中に入り込んだ後で順調に生長し、林を形づくるためにはきのこの手助けが必要です。しかし、撹乱の規模が大きすぎたりするときには、多くの菌根菌も失われてしまいます。そこに最初に入り込む植物は、自前の菌根菌を作りあげ、その助けを借りなければならなかったのでしょう。カラマツ林の菌根菌には固有種が多いのも、このような事情があったからかもしれません。

カラマツ林ではシラビソ・オオシラビソ林やコメツガ林との共通種はわずかに二種類のみでした。これに対して、シラビソ・オオシラビソ林とコメツガ林との共通種は二一種類でした。共通の種類は、シラビソ・オオシラビソ林とコメツガ林との間ではカラマツ林との場合一〇倍以上になっています。これとは反対に、固有種の占める割合は、カラマツ林では半分以上の約五四パーセントになり、シラビソ・オオシラビソ林やコメツガ林では低く、それぞれ一〇パーセント未満でした。このように、二つの林の間で共通する種類を比べただけでも、カラマツ林の菌根性きのこは、ほかの森林とは少し変わっていることがわかります。

富士山の亜高山帯針葉樹林は、時間の経過と共にカラマツ林からシラビソ・オオシラビソ林やコメツガ林へと構成樹種が変化していきます。森林を形づくっている樹木と密接に関連している菌根性きのこの種類もそれにともなって変化していきます（柴田、一九九七）。これまでに確認された菌根性きのこの種類は、シラビソ・オオシラビソ林では五九種類、コメツガ林では四六種類です。

富士山のシラビソ・オオシラビソ林やシラビソ林で見られる菌根性きのこにも

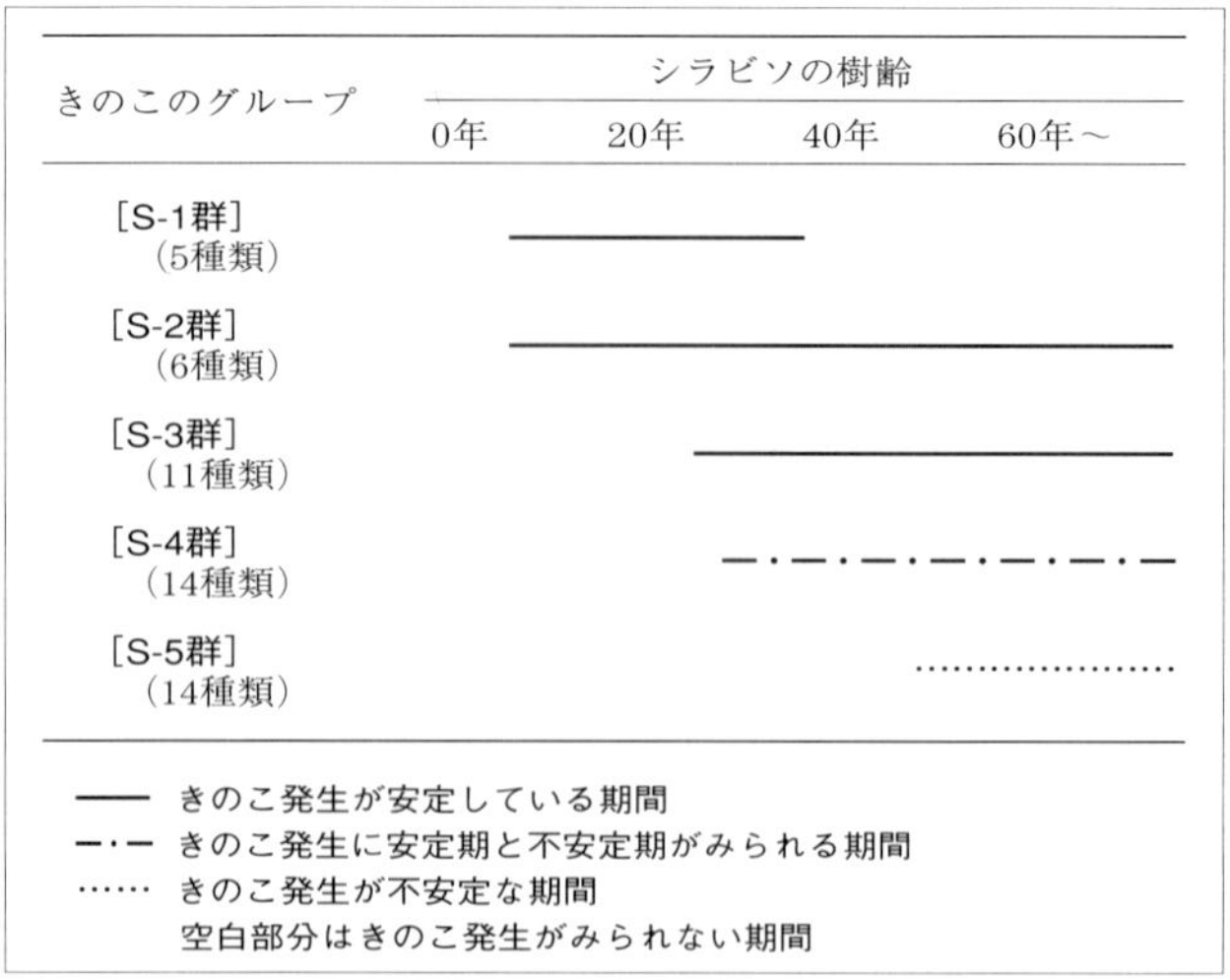

図5　富士山亜高山帯のシラビソ人工林で観察されたきのこ発生変化の模式図（各グループの種類構成は下の表を参照。柴田、2006を改変）

表1　シラビソ人工林のきのこグループと含まれるきのこの種類

きのこのグループ	各グループに含まれるきのこ
[S-1群]（5種類）	タマゴテングタケモドキ、ツルタケダマシ、ドクツルタケ、ツバアブラシメジ、キツネタケ
[S-2群]（6種類）	アミハナイグチ、クロカワ、キハツダケ、アカモミタケ、カワリハツ、ドクベニタケ
[S-3群]（11種類）	タマゴタケ、ベニテングタケ、ヤマドリタケモドキ、マダラフウセンタケ、ササタケ、ニオイハリタケモドキ、カノシタ、ハナホウキタケ、ミネシメジ、クダアカゲシメジ、ネズミシメジ
[S-4群]（14種類）	コガネヤマドリ、アシベニイグチ、ウラベニイロガワリ、ドクヤマドリ、アンズタケ、フウセンタケ属菌、アカタケ、アカヒダササタケ、ウスタケ、フジウスタケ、アイシメジ、オオキヌハダトマヤタケ、キチチタケ、ベニタケ属菌No.1
[S-5群]（14種類）	アブラシメジモドキ、ヌメリササタケ、シモフリヌメリガサ、ヌメリガサ属菌、アオゾメツチカブリ、ツチカブリ、ケシロハツ、ホウキタケ、ショウゲンジ、シロハツ、ベニタケ属菌No.2、キシメジ、シモフリシメジ、ウラグロニガイグチ

この表は、富士山亜高山帯のシラビソ人工林に発生したきのこを20年間記録し、その結果を統計的に分析して作成した。

写真18　タマゴタケ

いくつかの特徴があります。まず第一点目は、いくつかの樹齢の異なるシラビソの植林地で観察を続けたところ、確認されたのは五〇種類ありました。そして、シラビソの樹齢が変化すると発生するきのこの種類も変化することがわかりました。同じような現象はカラマツ林でも観察することができましたが、カラマツ林に比べて発生するきのこの種類が非常に多いためにその変化の仕方もシラビソ林の方が少し複雑でした。樹齢の変化にしたがって、発生量が変わってくるきのこの代表格には、キツネタケ、アカモミタケ、クロカワ、タマゴタケ、ニオイハリタケモドキ、フジウスタケ、アイシメジ、ショウゲンジ、ウラグロニガイグチなどがあります（図5・表1）。

第二点目は、ほかの地域ではあまり見ることのできない亜寒帯性の菌根性きのこが発生することです。本州中部の亜高山帯は、地球規模の気候区分では亜寒帯に相当するといわれています。ベニタケ科チチタケ属のキイロケチチタケがその代表的なきのこで、いくつかの図鑑ではムラサキイロガワリハツという種名でも紹介されています。『原色日本新菌類図鑑Ⅱ』によると、このきのこは、トウヒ属の樹下もしくはシラカバ属の樹下で見られると記載されています。富士山でも分布はごく限られていて、海抜二一〇〇メートル以上のシラビソ・オオシラビソなどのモミ属の林でのみ発生が確認されています。また、同じ林で見られるフウ

写真19　アミハナイグチ

センタケ科ササタケ属のアカタケも亜寒帯のきのこのひとつです。

第三点目は、アミハナイグチが確認されていることです。アミハナイグチは、カラマツ林の菌根性きのことして知られています。しかし、富士山の亜高山帯森林では、シラビソ・オオシラビソ林やコメツガ林でもこのきのこが発生します。これは何を意味しているのでしょうか。

スウェーデンのフィンレイ氏（一九八九）は、非常に興味ある実験を行っています。氏は、実験室内で何種類かの菌根菌を使い、ヨーロッパアカマツ（*Pinus sylvestris*）とカラマツ属の一種（*Larix eurolepis*）との間を菌糸ネットワークでつなぐことに成功しました。この実験に使ったきのこのうちの一種は、カラマツ類の菌根菌アミハナイグチでした。こうして、まず、カラマツ類に固有な菌根菌であるはずのアミハナイグチがヨーロッパアカマツにも菌根を形成することが証明されました。そして、富士山での調査によって、自然界でもこの実験と同じような現象が起きていることが示されました。つまり、シラビソ・オオシラビソ林やコメツガ林でもアミハナイグチの発生が確認されたのです。こうしてカラマツの菌根菌アミハナイグチは、植物どうしをつなぐ菌糸ネットワークの中心になっていることが実験室でも屋外でも証明されました。

さらにフィンレイ氏は、これらの組み合わせの間のリンの動きを調べました。

一般に土の中のリンは、菌根菌の菌糸によって吸収され、それが植物に与えられて植物が良く育つようになるといわれています。アミハナイグチの菌糸ネットワークでカラマツの苗とヨーロッパアカマツの苗とがつながっているとき、リンは、アミハナイグチにとって相性が良いパートナーであるカラマツ属の苗の方に多く与えられることが明らかにされました。しかし、ごくわずかですが、リンがヨーロッパアカマツにも与えられていることもわかりました。このように、きのこの菌糸が土の中で樹木と樹木をつなぎ合わせ、さらに養分のやりとりにも関係していることが、実験的にも自然界でも少しずつ明らかになってきました。

富士山では、シラビソ・オオシラビソに代わって森林を作るのはコメツガです。そこで、海抜一七五〇メートルから二二五〇メートルの範囲にある樹齢一〇〇年以上のコメツガ林を三か所選び、きのこの発生を二〇年以上にわたって調べました。その結果、四六種類の菌根性きのこが発生することがわかりました。コメツガ林の菌根性きのこでは、アカマツ林の菌根菌との共通種が多いという特徴があります。マツタケやケロウジを初めとして一七種類がアカマツ林でも発生が確認されています。富士山での調査結果から計算すると、アカマツ林との共通種の比率は約三七パーセントです。シラビソ・オオシラビソ林ではアカマツ林との共通種は約二六パーセント、同じくカラマツ林とアカマツ林では約一五パーセントでした。アカマツは荒れ地に生えるパイオニア植物なのに対して、コメツガは植生の置き換わりの順番では最後の方に生える木です。亜高山帯林の中では環境の変化が少ない林です。それにもかかわらず菌根性きのこで共通種の割合が高いのは不思議です。コメツガとアカマツは、生態的な性質は違うものの、もっと別な点で意外な共通部分があるのかもしれませんが、詳しいことは良くわかっていません。

モリーナ氏ら（一九九二）によれば、菌根菌の中で地上にきのこを形成するのは、およそ四五〇〇種類と推定されています。たとえ限られた樹種で構成された林であったとしても、そして、四五〇〇種類すべてのきのこが必ず発生するわけではないにしても、短い間にたくさんの菌根性きのこの種類を調べ上げるのは容易ではありません。これまできのこのリスト作りにかかわってきた多くの研究者が指摘しているように、ある地域でのきのこの種類を調べ尽くそうと思ったら、まず調査回数を多くしなければなりません。富士山のコメツガ林の同じ場所で二〇年以上にわたって続けたきのこ調査の結果は、「菌根菌の子実体（きのこ）調査では、調査回数を多くすることによって、その場所に生息する菌根菌の種類数の上限に近づいていく」という仮説をある程度証明しています。コメツガ林のきのこを調べたときも、初めの数年間は確認されたきのこの種類数の合計が増加し

写真20　ヌメリササタケ

ました。そして、調査を始めてからほぼ五、六年たったころに、今回紹介した四六種類という数字になり、その後は新しい種類が追加されることはなくなりました。

ここで紹介した数字は、あくまでも富士山の亜高山帯コメツガ林で得られた結果です。秩父山地西部の金峰山などでの調査結果を加えれば、この数字は大きくなります。ほかの地域のコメツガ林での調査結果を加えた集計結果（柴田、一九九七）でも、発生する菌根性きのこの種類数は四八種二変種へと増えています。さらに、小川眞氏が一九七七年に長野県志賀山のコメツガ林で行った調査結果では代表的な種類として紹介しているフサクギタケ、ショウゲンジ、ヌメリササタケ、シモフリヌメリガサなどは富士山でも発生します。しかし、それ以外にも富士山では確認されなかった種類も志賀山では確認されています。このように、調査する地域が異なると、そこに発生するきのこの種類も少しずつ変わってくることがあります。樹齢の違いか、気象条件の違いなのか、土壌条件の違いなのか、それともまた別の原因があるのか、こうした疑問点にはっきりとした解答が得られるのは、おそらくもっと先のことになるのでしょう。

これまでにも紹介したように、富士山では、シラビソ・オオシラビソやコメツガは、カラマツ林ができあがった後に、新たに入った樹種であることは良く知られています。しかも、シラビソ・オオシラビソ林やコメツガ林にも発生するアミハナイグチやウツロベニハナイグチは、カラマツ林の樹齢がある程度に達した後に発生量が増加するきのこです。富士山の亜高山帯では、カラマツ林からシラビソ・オオシラビソ林へ、さらにコメツガ林へと森林の植生が遷移していくときに、菌根性きのこの一部が土の中でその手助けをしていることも想像できます。目に見えないところで縁の下の力持ちの役割を演じているとも考えられます。この最後の部分は、あくまでも私の勝手な推測です。しかし、富士山の亜高山帯森林のように厳しい環境条件のもとでは、自然は、巧妙ですきのない仕組みを作り上げているかもしれません。

Ⅲ　八ヶ岳の亜高山帯針葉樹林ときのこ

次に八ヶ岳の亜高山帯針葉樹林でのきのこの発生について紹介します。富士山は、比較的新しくできた火山で、森林を形づくっている木の種類もカラマツ、シラビソ・オオシラビソ、コメツガといった具合にはっきりと分かれている場所が多く見受けられます。一方、八ヶ岳の亜高山帯針葉樹林は、山の中腹より下に広い面積を占めているカラマツの植林地を別にすると、シラビソ・オオシラビソやコメツガなどが最も多く見られます。これらの樹木に加えて、ゴヨウマツやヤツガタケトウヒなども場所によっては集団で自生しています。さらに亜高山帯より上部の高山帯は、ハイマツにおおわれています。このように、八ヶ岳の森林は富士山の森林とは大きく異なり、一言でいえば、富士山の亜高山帯よりは変化に富んでいるといえます（写真21）。

八ヶ岳周辺の気象条件は内陸的で、海抜九〇〇メートル付近の年間降水量は一一〇〇～一四〇〇ミリと少なく、年間平均気温は約一一度です。八ヶ岳の亜高山

写真21　八ヶ岳亜高山帯の針葉樹天然林　シラビソ、オオシラビソ、コメツガ、ヤツガタケトウヒなどが見られる。地面は小型の草本植物やコケにおおわれている。

帯での降水量を推定した様々なデータによると、この地域での平均の年間降水量は、一六〇〇ミリ前後と考えられています。また、平均気温は、六度以下と推定されています。一九九九年から二〇〇三年にかけて、海抜二〇〇〇メートル地点で深さ一〇センチメートルの地中温度を測定したところ、最高温度は一九・六度、最低温度は氷点下七・六度でした。この地域の気象条件は、富士山に比べて雨が少ないものの、地中温度は富士山とほぼ同じ程度と考えられます。

八ヶ岳に限らず亜高山帯の土は、栄養分が乏しく、酸性になっているといわれています。そのうえ、八ヶ岳では一部にポドゾルと呼ばれる特殊な土壌も見られます。ポドゾルは、世界的な気候区分では亜寒帯に区分けされる地域の針葉樹林でよく見られる土のタイプです。そこでは分解しかかった落葉が厚く積もり、さらに少し掘り下げると長い間に溶け出したアルミニウム分が溜まった灰白色に見える部分があり、強い酸性を示します。このように厳しい環境に住みついた代表的な樹木は、シラビソ・オオシラビソ、コメツガなどです。しかし、一般的にはこうした環境は多くの生き物にとっては住みやすいとはいえないはずです。

八ヶ岳のマツタケ　―ここでもコメツガ林に―

富士山と同じように八ヶ岳のコメツガ林でもマツタケが発生します。富士山と少し違うのは、マツタケのシロまでたどり着くためには最低でも数時間以上かけて山を登らなければならないことです。本気でマツタケ採りに挑戦するようなときには、約一〇時間の山歩きを覚悟した方が良いでしょう。富士山のコメツガ林は比較的広い範囲にコメツガだけが生えているのに対して、八ヶ岳では数本ずつ、もしくはほかの針葉樹も混ざった状態のコメツガ林があちこちに点在しています。そのために、より広い範囲を歩き回らないとマツタケにはお目にかかれないのです。

八ヶ岳でも、標高の高い場所でのマツタケの発生は八月下旬から始まります。この時期は富士山とほぼ同じです。その後、条件が良ければ九月下旬まで発生が続きます。また、毎年必ず発生するわけではなく、数年に一度しかきのこが発生しないシロもあり、これも富士山でのマツタケの生態と共通しています。標高が高い場所では、おそらく地中温度が低いために、地中での菌糸の伸長が悪く、シロの生長もゆっくりしているのかもしれません。さらに降水量が少ないこともシロの生長が遅い原因のひとつと考えられます。

富士山のマツタケの生態は、小川眞氏が『マツタケの生物学』にまとめているように、比較的詳しく研究されています。しかし、八ヶ岳のコメツガ林で見られるマツタケの生態は、ほとんど明らかになっていません。この地域のシロは、富士山に比べて荒らされていないため、亜高山帯のコメツガ林で発生するマツタケ研究の場所としては適地かもしれません。しかし、シロにたどり着くまでの一日の歩行時間が、急な上り下りを含めて数時間以上というのが大きな障害になっていることも事実です。

きのこの種類はあまり変化しない

マツタケ以外にも、八ヶ岳の亜高山帯針葉樹林に発生する菌根性きのこは、これまでの調査によって約一二〇種が知られています（柴田、一九八七、一九九二、一九九七、二〇〇二）。種類の構成は、いくつかの点で富士山とは少し異なっています。まず、富士山のシラビソ・オオシラビソ林で見られるキイロケチチタケやオオモミタケは、八ヶ岳では今のところ発生が確認されていません。さらに富士山の亜高山帯針葉樹林で見られるクロカワやタマゴタケも、八ヶ岳では亜高山帯針葉樹林ではなくて、それぞれが山麓のアカマツ林やミズナラ林に発生します。一方、富士山の亜高山帯ではあまり見られないけれども、八ヶ岳ではごく普通に見られるのは、イロガワリシロハツ、クロチチタケ、オオダイアシベニイグチ、ゴヨウイグチなどです。また、二〇〇四年に日本で初めて発生が確認された有毒のフウセンタケ属きのこ、ジンガサドクフウセンタケも今のところ八ヶ岳での発

写真22　ジンガサドクフウセンタケ

生量が多く、毎年のように採集されています。当然のことながら、八ヶ岳と富士山の亜高山帯針葉樹林の共通種もたくさんあります。マツタケやショウゲンジ、アブラシメジモドキ、ハナイグチ、ドクヤマドリなどはその代表格です。

さて、富士山に比べて、八ヶ岳ではきのこの種類があまり変化しないことがどうしてわかるのでしょうか。実は、富士山で行っているのと同じように八ヶ岳でもきのこの発生を一九八七年から継続して調査しています。八ヶ岳では、富士山の雪崩《なだれ》のように広い範囲で森林環境が大きく変化するような出来事は、今のところおきていません。その結果、富士山の雪崩跡地に見られるようなごく若いカラマツ林などもありません。ほかの樹種でも樹齢が極端に違う林が見られるわけでもありません。このような理由から、八ヶ岳では樹齢の変化にともなう菌根性きのこの種類数の爆発的な増加は見られません。気象条件によって、きのこの発生量に違いが見られることはありました。しかし、調査を始めてからこれまで、きのこの種類数には大きな変化は観察されていません。富士山は、有史以来何回かの噴火を繰り返したり、最近でも大規模な雪崩によって表面の土や植物が流されてしまう状況が繰り返されています。富士山では安定した森林が形づくられる途中にあるのに対して、八ヶ岳では森林環境の激変もほとんどなく、菌根性きのこの種類は時間がたっても富士山に比べて変化が少ないと考えられます。

一方で注目したいのは、登山道沿いに発生するきのこです。八ヶ岳は年間を通して登山者が多く、特に七月から八月にかけては、登山道は大混雑します。そして登山者が通るあたりでは、富士山の雪崩跡地にもたくさん出ていたような攪乱《かくらん》に依存するタイプのきのこがよく発生します。ワカフサタケ属やキツネタケ属のきのこは、登山道や休憩地の周囲にはよく顔を見せますが、そこからほんの少し森林の中に入り込むとほとんど姿を見せなくなります。わずか数メートルほどの道幅しかない登山道ですが、攪乱に依存するタイプのきのこにとっては十分な空間だといえるのでしょう。岡部宏秋氏（一九九七）が述べているように、人間が入り込むだけできのこの発生環境が荒らされて、きのこの種類が変化してしまうという危惧は、当たっているように思えます。広い範囲では全体として安定しているように見える八ヶ岳亜高山帯針葉樹林のきのこの種類も、人為的な影響で案外簡単に変化してしまうかもしれない可能性も常に秘めているのです。

Ⅳ　秩父山地西部の亜高山帯針葉樹林ときのこ

登山者の間で通称奥秩父と呼び慣わされている秩父山地西部地域にも亜高山帯針葉樹林が広がっています。主稜線には海抜二〇〇〇～二五〇〇メートルの山々が連なり、ポドゾルと呼ばれる特殊な土壌に広くおおわれています。ポドゾルは、世界的な気候区分帯では、亜寒帯の針葉樹林でよく見られます。前にも述べたように、気候区分の亜寒帯というのは本州中部では亜高山帯に相当すると考えられています。分解される途中の落葉が厚く積もった層とその下の灰白色に見える層があり、強い酸性を示します。生育する代表的な樹木は、シラビソ・オオシラビソ、コメツガなどです。秩父山地西部の山麓地域は、一年間の平均降水量が一二〇〇ミリ～一四〇〇ミリ、平均気温は一〇度前後です。これらの観測値をもとにして作られた山梨県林業気象図によると、この付近の亜高山帯では年間の降水量が一四〇〇～一六〇〇ミリ、平均気温は六度以下であろうと推定されています。この数値は、八ヶ岳での推定値とほぼ同じです。ただし、秩父山地のもっと東の

写真23　奥秩父亜高山帯の針葉樹天然林　コメツガ、シラビソ、オオシラビソなどが見られる。地面はコケにおおわれている。

地域では、降水量は一六〇〇ミリ以上あると推定されています。

奥秩父のマツタケ

この地域のマツタケは、標高の低い地域のアカマツ林が主な発生地になりますが、富士山や八ヶ岳と同じようにコメツガ林にも発生します。特に瑞牆山《みずがきやま》から金《きん》峰《ぷ》山《さん》、小川山にかけての一帯は、もともと花崗岩の岩山であることにも助けられて、昔はかなりの量のマツタケが発生したといわれています。一九五〇年代には、「小学校の行き帰りに道ばたでマツタケを採り、夕飯のおかずにした」ことも度々あったそうです。今では考えられないような、夢のような話です。この地域に限らず、西日本や朝鮮半島のマツタケ産地の多くは、花崗岩地帯のアカマツ林が広がる地域でした。花崗岩地帯の山は、マツタケの発生に適していると昔からいわれています。

古くからこの地域できのこを採っていた人たちのうち六十歳以上になる人によれば、八月の旧盆前にはマツタケが発生を始めることも珍しくはなかったそうです。特に、七月に梅雨寒の日があったり、旧盆前に台風が日本列島に接近したり上陸した年には、マツタケも早く出るといわれています。富士山や八ヶ岳では、マツタケの発生は早い年でも八月の旧盆をすぎたころが普通です。このようにほかの地域に比べて、金峰山や瑞牆山周辺ではマツタケの発生時期が少し早まる理由は、はっきりとはしません。しかし、手元にあるいくつかのデータにもとづいて、あえて推測すると次のようなストーリーも成り立ちます。

富士山や八ヶ岳でマツタケの見られるコメツガ林の多くは、海抜二〇〇〇メートル以上に分布しています。これに対して、金峰山や瑞牆山周辺では、マツタケの採れるコメツガ林は、海抜二〇〇〇メートルより低い地域が中心になっています。これらの場所の地中温度を比べると、富士山や八ヶ岳では年間の最高温度が約一五度なのに対して、瑞牆山では年間の最高温度は約一八度でした。約三度の温度差がマツタケの菌糸生長の速度に関係していると考えられます。温度が低い場所では、マツタケの菌の生長に時間がかかるためにシロの生長もゆっくりで、きのこが発生するまでの時間も長く必要になります。一方、温度が高い場所では、シロの生長に必要な時間も短くてすみます。その結果、金峰山や瑞牆山周辺では、マツタケが発生するシロの成熟が富士山や八ヶ岳に比べて速く進み、きのこを発生させるための準備が整ったシロに適当な温度刺激が与えられればきのこが発生するという図式が考えられます。

きのこの発生は標高の高い場所から始まって、季節が進むのにしたがってだんだんと標高が低い場所に移ってくるという法則がありますが、亜高山帯のコメツガ林でのマツタケ発生の図式は一見すると、この法則と矛盾しているようです。しかし、マツタケのように「シロ」をつくる菌がきのこを作るためには、ある程度まとまった量の菌糸のかたまりが必要です。マツタケの菌糸が良く伸びる温度は、二〇度～二三度の間にあるといわれています。地中温度の測定結果からもわかるように、標高の低い場所のコメツガ林は、地中温度が高めです。そのためにマツタケの菌糸も良く伸び、きのこを出せる体制も早く整うのでしょう。

最後に付け加えたいのは、金峰山や瑞牆山のコメツガ林では、富士山や八ヶ岳と比べてマツタケの発生が安定していることです。富士山や八ヶ岳では、年によってはマツタケがまったく出ないこともありますが、金峰山や瑞牆山周辺ではそのような年はめったにありません。量的な変動は確かにありますが、まったく採れない年はないといえるのもこの付近のマツタケ発生の特徴です。このように、いずれもコメツガ林に生えるマツタケですが、富士山、八ヶ岳、金峰山や瑞牆山ではその生態に微妙な差があることを多少とも理解していただけたと思います。

きのこについての情報は少ない

マツタケの例を除くと、奥秩父できのこの発生を調査した例はごくわずかです。この地域の中心部に入るには最終的には徒歩によるしかなく、富士山や八ヶ岳の

写真24　ウツロベニハナイグチ

ように毎週のように調査に通うのは少し無理があります。特に甲武信岳《こぶしがたけ》へは時間がかかるため、きのこの発生の多い年に三～五回程度しか通えませんでした。このような制約はありますが、一九九一年以降、甲武信岳から金峰山をへて瑞牆山までの範囲の亜高山帯針葉樹林で野生きのこの発生調査を続けています。

秩父山地西部の亜高山帯針葉樹林では正確な数は確かめられてはいませんが、これまで（一九九一年～現在）の調査結果から推定すると、約八〇〇種のきのこがありそうです。このうちの何種類が菌根性であるかははっきりとはしませんが、この地域の菌根性きのこの種類は、どちらかというと、富士山よりは八ヶ岳の亜高山帯針葉樹林に似ています。富士山の五合目付近で見られるキイロケチチタケやコゲイロハツタケは、これまでの調査では発生が確認されませんでした。さらに、富士山のシラビソ林では多数発生していたクロカワも、この地域ではもっと標高の低いアカマツ林が発生の中心です。

もちろんここでも富士山との共通種も数多く見られます。ウツロベニハナイグチやアミハナイグチは、もともとはカラマツの菌根菌であると考えられますが、この地域では、コメツガ林の中にも発生します。発生地の周辺にカラマツがあるのではないかと思い、周囲を探してみても、少なくとも視界にはカラマツは入ってきません。これと同じような例がこれまでの調査で何度か観察されています。

このようにいくつもの例があることから、ウツロベニハナイグチやアミハナイグチがコメツガとも菌根を形成することができることは間違いないと思います。さらにフィンレイ氏（一九八九）の報告によってもアミハナイグチがカラマツ以外にもヨーロッパアカマツとの間で菌根を形成することができる例が報告されています。アミハナイグチはカラマツ林だけに発生する菌根菌だという固定的な見方をしていたのでは、きのこの姿自体もコメツガ林では見えなかったかもしれません。生き物の本当の生活を知るには、実際にその生活の場に入って、時間をかけて観察しなければ見えてこないことが数多くあります。アミハナイグチの例によって、このことを改めて考えさせられました。

V　きのこと共にある亜高山帯の森林

厳しい自然環境と亜高山帯の森林

この本の中で紹介している亜高山帯の植物は、非常に厳しい環境条件の中で生育しています。たとえば、冬の低温や土の凍結、強風、夏も気温が低いために生物の生育期間が短い、樹木の根が土の中深くまで入り込めないなど、実に様々なストレスに耐えています。丸田恵美子・中野隆志の両氏（一九九九）によれば、このようなストレスの下では、たとえば北八ヶ岳の縞枯山《しまがれやま》や奥秩父の亜高山帯で見られるような、森林が帯状に立ち枯れをおこす縞枯れ現象や、富士山亜高山帯で見られるような森林の部分枯れ現象がおきやすいそうです。その原因のひとつに、春先におこりやすい樹木内部の水分欠乏があります。春先になると気温が上がり、シラビソやオオシラビソのような常緑の針葉樹の体内で凍りついていた水分が溶け、それが葉から蒸散します。一方、土の中はまだまだ凍ったままで、葉から蒸散した水分を補うだけの働きを根に求めるには無理があります。実際、富

写真25　八ヶ岳権現山付近で見られる亜高山帯林の部分枯れ現象で、白っぽく見えるのは枯れた針葉樹。

士山の海抜二三〇〇メートル付近では、十一月から五月まで地面は凍っています。こうした悪条件が重なると、ついには体内の水分バランスが崩れ、樹木は枯れてしまうと考えられています（写真25）。

これに対して、雪の多い地域の亜高山帯林は、降り積もった雪におおわれて、雪の少ない地域の森林に比べて意外と暖かな環境で過ごしているといわれています。このように、ひとくちに亜高山帯林といっても、どの森林もみな同じ環境条件ではありません。しかし、いずれの亜高山帯林も、標高のもっと低い里山や温暖な地域の森林と比べても、環境条件が厳しいことは変わりません。

さらに、植物を育てるうえで重要な役割を担う土そのものが亜高山帯ではいろいろな意味で貧弱です。まず養分の元になる有機物が乏しい、さらに、有機物を分解して植物の吸収に便利なように変える作業をする微生物の種類と量が、里山の一〇分の一以下になっている場合もあります。特に富士山のように土壌が十分に形づくられていない森林では、この傾向が目立ちます。こうした環境に耐えるために、カラマツのように冬には落葉して春先の乾燥から身を守っている樹木もあります。さらに小さな苗のうちは大きく育ったカラマツなどの下でじっと耐えているシラビソ、さらにシラビソ林の下で厳しい環境から守られて苗の時期を過ごすコメツガなど、植物たちはしたたかです。

きのこと樹木の相互依存

きのこを作る外生菌根菌は、一説によると約四五〇〇種類以上あるといわれています。また、菌根形成のもう一方の相手である種子植物は、約三パーセントが外生菌根を形成するといわれています。三パーセントというとごくわずかのように見えますが、ブナ科、マツ科、カバノキ科、東南アジアの熱帯に分布し、ラワン材として利用されるフタバガキ科、ユーカリ類のフトモモ科など、代表的な樹木の多くが外生菌根を形成しています。トラップ氏（一九七七）が調べた結果では、一種類の樹木が、約二〇〇〇種類もの菌を相手に外生菌根を作った例もあります。樹木と菌根菌の関係は、お互いに栄養分のやりとりをするだけではなく、菌糸の膜におおわれた根が寒さや乾燥に耐えたり、ほかの微生物の侵入から根が保護されることもあると考えられています。

このように、私たちのまわりでごく普通に見られる樹木の多くが外生菌根を形成し、地球上の森林の多くが外生菌根によって支えられているといってもいいすぎではありません。もちろん、菌根菌も樹木からの養分を重要な栄養源として生活しています。場合によると光合成によって作り出された糖の半分以上を菌に与えている植物もあるといいます。このような相互依存の関係は、環境条件が厳しくなればなるほど強くなります。亜高山帯の森林は、樹木と外生菌根菌がお互いに持ちつ持たれつの共生関係にある典型的な例を示しているといえます。

それでは、亜高山帯とは対照的な環境の熱帯多雨林での樹木と外生菌根菌の関係はどうでしょうか。ワトリング氏ら（二〇〇二）がマレーシアの熱帯多雨林で二年半にわたって菌根性のきのこの種類を調べたところ、約五ヘクタールの範囲でベニタケ科のきのこを中心に九五種類が確認されました。菌根性きのこの種類の豊かさを熱帯多雨林で調べた例は、あまり多くはないと思います。これまでに比較的詳しく調べられた例としては、ラワン材として利用されるフタバガキ類の菌根菌があります。菊池淳一・小川眞両氏（一九九七）によると、フタバガキの苗畑では三種類のきのこしか出なかったのに対して、フタバガキが混ざった林ではテングタケ科、ベニタケ科、イグチ科などを中心に数十種類のきのこが見られたそうです。

この数は多いと感じるでしょうか、それとも少ないと感じるでしょうか。私自身の感想としては、意外と少ないという気がします。熱帯多雨林で見られる樹木のうち、樹高が高くなる高木は、場所によっては一〇〇種類を超えることもあるといわれています。温帯の森林では高木は二〇〜三〇種類くらい、さらに亜寒帯林では一〇種類以下のことも珍しくありません。それに対して、富士山や八ヶ岳などの亜高山帯林では、シラビソ・オオシラビソ林で約六〇種類、コメツガ林で約五〇種類の菌根性きのこの発生が確認されています。熱帯多雨林のきのこ調査はまだまだ未完成ですから、簡単に結論づけることはできませんが、もしかするときのこの多様性は、亜高山帯林の方が高いのかもしれません。少なくとも、熱帯多雨林と亜高山帯林で見られるきのこの種類数は、植物の種類数の差ほどは大きくないようです。植物の生長にとって環境条件が厳しい亜高山帯の森林では、樹木は、より多くの菌の助けを必要としています。

亜高山帯林のきのこの多様性

ここでは、亜高山帯林でのきのこの種類の多様性が樹齢や樹種によってどのように違うのかについて紹介します。ここでも富士山できのこを調べた結果にもとづいて話を進めます。

その前に、種の多様度指数という聞き慣れない言葉について簡単に説明します。まず、多くの小学校にある動物飼育用の網室を思い浮かべてください。十分な広さがとれない場合は、セキセイインコとニワトリが一緒の部屋で飼われたりしています。ある小学校ではセキセイインコが二羽、ニワトリが一八羽、別の小学校ではセキセイインコが一〇羽、ニワトリが一〇羽飼われています。どちらの小学校も鳥の種類数は二種類、鳥の数は二〇羽ずつです。このときに、どちらの小学

表2　富士山亜高山帯の針葉樹天然林で見られるきのこの種多様度指数

樹　種	きのこの種多様度指数
カラマツ	2.74
シラビソ・オオシラビソ	4.17
コメツガ	3.81

種多様度指数は、それぞれの林を20年間調べた結果にもとづいて計算した。

校の飼育室の方が鳥の種類の多様性が高いと思いますか。多くの人は直感的に、セキセイインコとニワトリが一〇羽ずついる小学校の方が多様性が高そうだと考えるのではないでしょうか。この直感を、ある計算式にもとづいて数値化したのが種の多様度指数です。そして、この数値が大きいほど多様性が高いと考えることができます。この指数を求めるための詳細は、伊藤嘉昭氏（一九九四）や宮下直・野田隆史両氏（二〇〇三）の著書をはじめとして多くの参考書が出版されていますから、それをご覧ください。

この本で紹介する種の多様度指数は、どの参考書にも紹介されている最も一般的なシャノン・ウィーナー関数の式を使って計算しました。ここでは、カラマツ林、シラビソ・オオシラビソ林そしてコメツガ林のきのこの種類の多様性を表す数値を表2に示しました。数値はカラマツ林で最も小さく、シラビソ・オオシラビソ林で最も大きくなりました。このことから、富士山の亜高山帯針葉樹林ではシラビソ・オオシラビソ林のきのこの種類が最も多様性に富んでいることがわかります（表2）。

次に樹齢が高くなると共に、きのこの種類の多様性が変化していく様子を紹介します。まず調べたのは、富士山の雪崩《なだれ》跡地に芽生えてきたカラマツの実生苗です。芽生えて三年目の苗の集団が生長するにつれて、きのこの種類の多様性が年

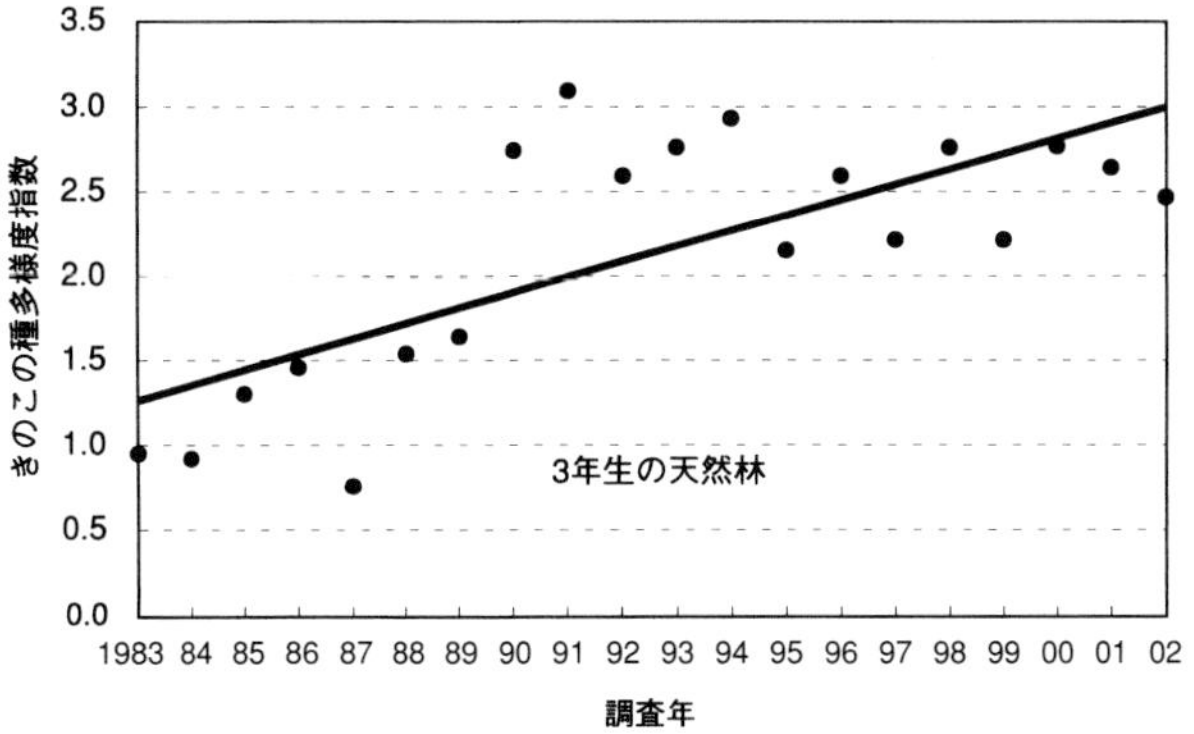

図6　三年生カラマツ林の樹齢変化ときのこ種類数　芽生えから間もないカラマツの苗が生長するに従ってきのこの種類数が増える。（柴田、二〇〇六を改変）

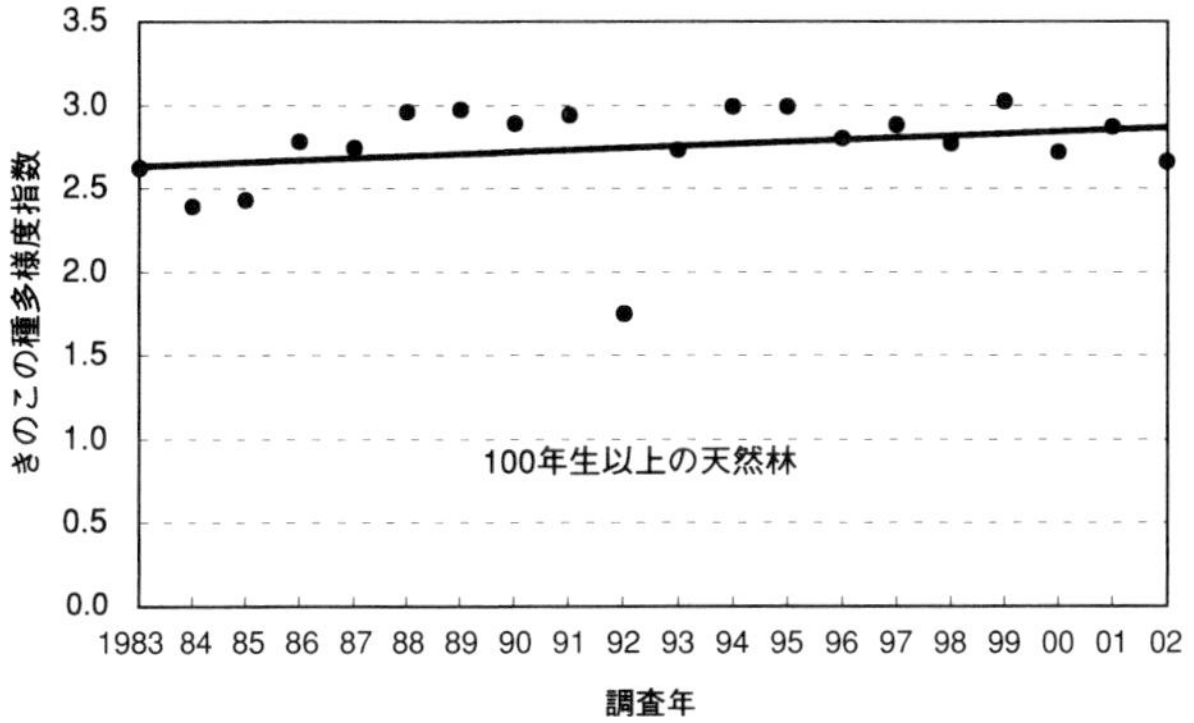

図7　一〇〇年生以上のカラマツ林のきのこ種類数　二〇年間にきのこの種類数はあまり変化していない。（柴田、二〇〇六を改変）

月の経過とともにどのように変わったかを調べて、種類の多様度指数を使ってグラフに表しました。数値は右肩上がりで増えていることが一目でわかります。若いシラビソ林でも同じようなグラフを描くことができました。このように若い林が生長するにつれて、きのこの種類が増えることを長い間調べて証明した例は多くはありません（図6・8）。

　さて、ある程度まで生長した林でもきのこの種類は増え続けるのでしょうか。そこで、樹齢が一〇〇年生以上のカラマツ林と、四〇年生以上のシラビソ林できのこの種類を調べました。すると若い林とは違って、種類数はあまり変わらないことがわかりました。きのこも生き物ですから毎年決まった種類が必ず発生するわけではありません。二〇年間のうちには気象条件が悪くて発生が少ない年も何度かありました。し

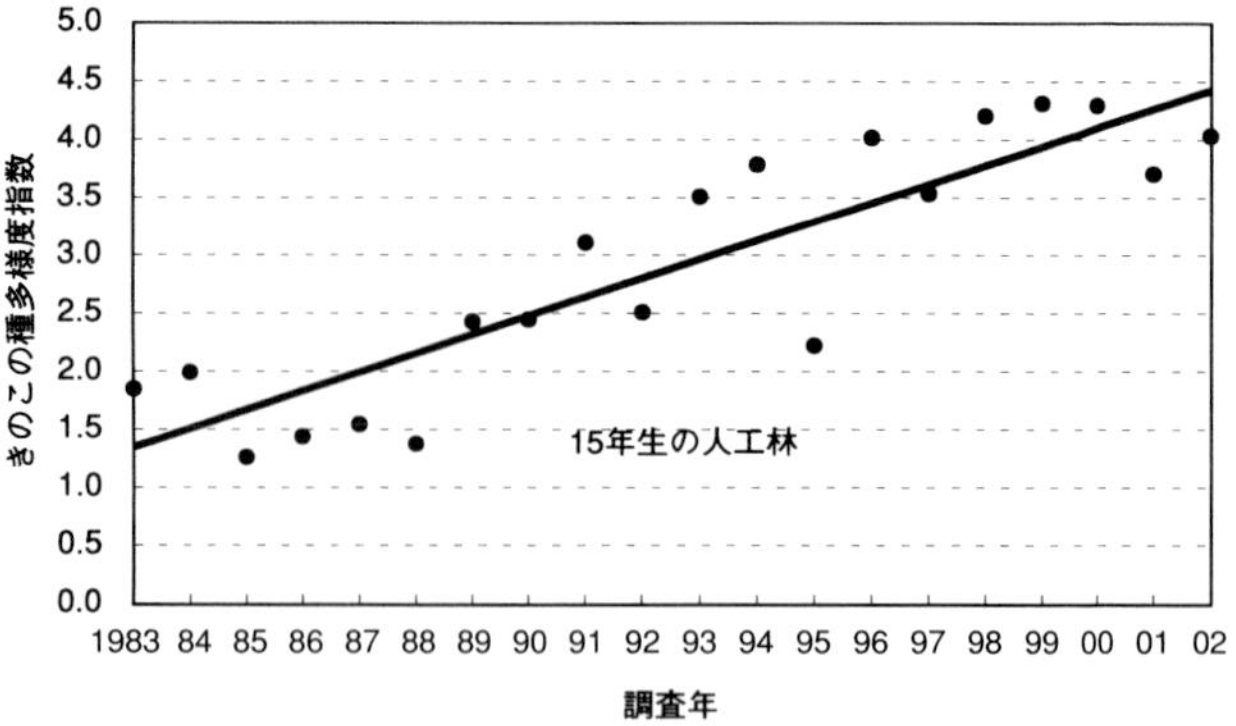

図8　一五年生シラビソ林の樹齢変化ときのこの種類数　シラビソが生長するに従ってきのこの種類数が多くなっている。（柴田、二〇〇六を改変）

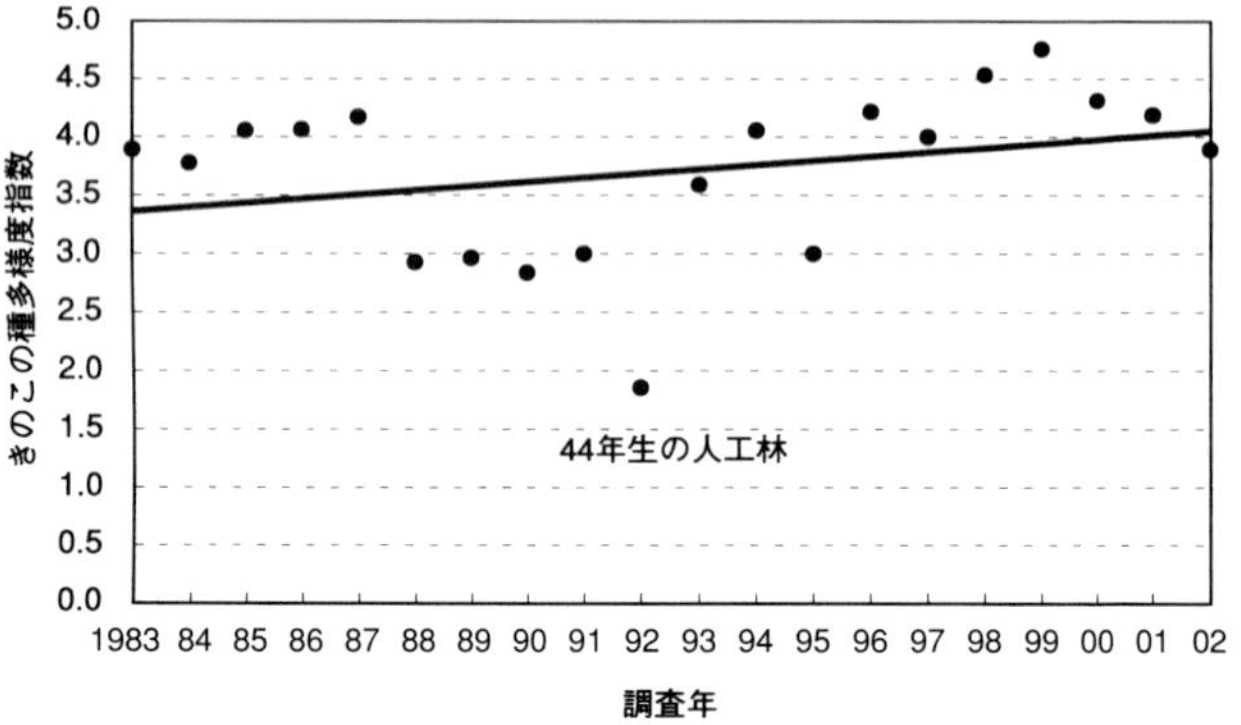

図9　四四年生シラビソ林の樹齢変化ときのこの種類数　シラビソがある程度まで生長すると、きのこの種類数もあまり変化しなくなる。（柴田、二〇〇六を改変）

かし、こうした例外の年を除くと、種類数が増加することも、減少することもありませんでした（図7・9）。

　ダイトンとメイソン両氏（一九八五）は、きのこを含む生き物の種類数は、森林が生長するのにしたがって初めは増加し、森林が生長しきったころには少しずつ減り始めるという仮説を提案しました。富士山のカラマツ林やシラビソ林でも、若い林ではきのこの種類数はだんだん増加しました。しかし、樹齢が高い林では種類数はあまり変わらないことがわかりました。このように一種類の樹木だけを対象にした場合は、この仮説にあてはまらないような例もあります。しかし、富士山の亜高山帯では、時間の経過とともに樹木の種類が置き換わります。初めにできあがったカラマツ林は、時間の経過とともにシラビソやオオシラビソを中心とした林に置き換わっていきます。やがてこの林でも、中心となる樹木はコメツガに置き換わります。置き換わりがおこるには、数十年から一〇〇年という年月が必要になり、これを植生の遷移《せんい》と呼びます。針葉樹の遷移ときのこの種類の多様度指数の変化については、ダイトンとメイソン両氏の仮説は実に良くあてはまります。

もう一度、**表2**を見てください。カラマツとシラビソ・オオシラビソの間では、多様度指数が増加し、きのこの種類数が増えています。ところがシラビソ・オオシラビソとコメツガの間では指数が減少し、きのこの種類数も減少していることがわかります。

八ヶ岳や金峰山《きんぷさん》、瑞牆山《みずがきやま》など、富士山以外の亜高山帯の森林でも同じようなことがおこっているのかは残念ながらはっきりしていません。その理由としては、八ヶ岳や金峰山、瑞牆山などの森林は、すでにある程度までできあがってしまっていることが挙げられます。これらの山岳は、できあがった時期が古いために、富士山のように変化しつつある森林の姿を観察することができません。しかし、八ヶ岳の編笠山では中腹より上のコメツガ林のきのこの多様度指数はその周辺にあるシラビソ・オオシラビソ林よりも低く、きのこの種類数もシラビソ・オオシラビソ林よりもやや少な目です。また、瑞牆山周辺でも同じような傾向が見られます。おそらくは富士山以外の山でも、今のような森林ができあがるまでには、きのこの種類数が大きく変わる時期もあったのでしょう。

このように、ひとつの地域でじっくり腰を据えてねばり強く観察を続けると、それまで曖昧であったことや知られていなかった事実が目の前に浮かび上がってきます。生き物のことを調べる醍醐味のひとつはこんなところにもあるのかもしれません。

Ⅵ　きのこと気象

きのこ調査に苦労はつきもの

ある地域のきのこの種類を調べて、リストを作り上げるためには多くの労力と時間、経験を必要とするといわれています。まず、①どのくらいの面積を調査したらいいのかはっきりと決まった方法がないこと、②きのこの発生時期には何度も繰り返し調査を行わなければならないこと、そして、③きのこの発生は、年ごとの気象条件にきわめて強く左右されることがその主な理由です。これらの問題点を解消しようとするならば、アーノルズ氏（一九九五）や ワトリング氏（一九九五）がいうように、決まった調査区域で最低でも七年以上、できれば一〇年以上にわたってきのこの発生を調べる必要があります。さらに、もしかしたらこれが最も大きな問題点かもしれませんが、採集したきのこの同定にはある程度の基礎的な知識と経験が必要なことです。次から次へと発生する数多くのきのこの種名を同定する作業には、ある程度の熟練と根気が必要です。

しかし、この方法には大きな利点もあります。その第一は、発生したきのこを確認することによって、そこに生息しているきのこの種類を正確に同定できることです。また、採集したきのこの標本を作製して保存することによって、たとえその時点で種名がわからなくても後日の研究によって、種名を同定することが可能であるのも利点のひとつです。

生物集団の生態を研究する上で最も重要で、基本的なことは、その集団を構成する生物の種の名前をひとつひとつ正確に把握して記録することです。集団を構成する生物を正確に把握して初めてほかの集団や調査結果との比較が可能になるからです。きのこの生態を明らかにするためにも同じことがいえます。発生したきのこの同定は欠かせない作業です。

温度ときのこ

一般にきのこは秋のものと思いこんでいる人が多いようです。しかし、本当に、きのこは秋だけしか見られないのでしょうか。きのこと呼ばれている大型の菌類は、決して秋にだけ見られるのではありません。自然界できのこが見られるのは、ほぼ一年中といっても間違いではありません。冬から早春にかけては、降雪や降雨の後にエノキタケが庭一面に生えてきたりします。そのような場所を良く観察してみると、以前に大きな庭木があったのですが、じゃまになったり、枯れてしまったので切り倒したという場所がほとんどです。

春も盛りになると、庭のアンズやウメの木の下にきのこがたくさん出てきた、という話をしばしば耳にします。たいていはハルシメジというきのこです。このきのこは、バラ科のウメ、モモ、スモモなどの根に菌根を形成しています。なお、日本のハルシメジは、最近までは一種類と考えられてきましたが、小林久泰氏（二〇〇五）によれば、いくつかの種あるいは変種などに分けられる可能性が出てきました。

梅雨時から夏、そして秋にかけては、気象条件が平年並みであれば、ひとつひとつの例を挙げだしたらきりがないほど多種多様なきのこが見られるようになります。やがて秋も終わり、冬が始まるころになるとヒラタケが広葉樹の切り株上に姿を現します。こうしてきのこの一年が過ぎていきます。多くのきのこは、それぞれに自分の出番を心得ているのです。

きのこは、自分の出番をどのようにして知るのでしょうか。いろいろな種類のきのこの発生に大きな影響をおよぼしているのは気温です。菌糸が地中で生活している菌根性きのこの場合は、気温を地中温度と言い換えても差し支えないと思います。三〇年以上前から続けられている山梨県森林総合研究所・富士吉田試験園での観測値によれば、深さ二〇センチメートルくらいまでの地中温度の変化は、気温の変化にほぼ比例していることがわかっています。もちろん雨もきのこの菌糸生長には大切な要素のひとつです。しかしそれ以上に、地中や材の中で生長を続けている菌糸にとっては気温が大きな意味を持ちます。日本に自生する多くのきのこの場合、順調に生育を続けてきた菌糸に対してきのこの芽を作らせるためのスイッチを入れる役割をはたすのが気温の変化です。

日本で見られる多くのきのこにとって菌糸体が生長するための適温は、二二～二七度といわれています。一方で、きのこの芽が作られるためには、十分に生長した菌糸体が五～二〇度以下の低温におかれる必要があります。温度差がこれだけあるのは、きのこの種によって芽を作るために必要な低温の条件が違うからです。

それでは、自然界のきのこにこの条件をあてはめて考えてみましょう。梅雨時から夏にかけて発生が見られるダイダイガサ、ウスヒラタケ、クサウラベニタケ、ガンタケ、コテングタケモドキなどのきのこは、ごくわずかに温度が下がっただけでもきのこの芽を作ることができるグループです。ベニタケ属の中にもこのグループに含まれる種類が多くあります。これらの中には、温度変化に敏感な種類が含まれている可能性があります。敏感な種類は、ほんの少しの温度の変化でも感じとって芽を作り、きのこを発生させることができるようです。また、温度変化にはあまり影響されずにきのこを発生させるグループもあると考えられます。こちらのグループは、菌糸体の量が一定量に達するときのこを発生させる性質を持っているのかもしれません。数多くあるきのこの中で、それぞれがどのグループに属すのかは、ごく一部を除いて、今のところはっきりしていません。しかし、もともと四季の変化がはっきりした日本に自生しているきのこの多くは、温度変化による刺激を受けるタイプに属すことが多いと考えられます。

その中でも特に興味深いのは、サクラシメジです。ほとんどの図鑑にはサクラシメジは秋に発生すると記載されています。しかし、年によっては梅雨明け直前にたくさんのサクラシメジが発生することがあります。このような年の気温の変化を調べてみると、梅雨入り直後には比較的雨が少なく気温の高い時期がありました。この後、梅雨の盛りに、数日間にわたって梅雨寒と呼ばれるような気温の低い時期がありました。おそらくサクラシメジはこの時期の低温を敏感に感じとってきのこの芽を作ったのでしょう。秋に見られるきのこのほとんどの種類は、そのときには発生しなかったことから、サクラシメジは温度の変化に最も敏感なグループを代表する種類のひとつであると考えられます。

さて、二〇〇五年の九月から十月にかけては、気温の高い日が続き、私の住む山梨県ではきのこの発生順序がいつもの年とは異なりました。このサクラシメジも例外ではなく、九月上旬と十月下旬に同じシロから二度にわたってきのこが発生しました。これ以外のきのこも十一月中旬まで発生が続きました。山梨県では、きのこの発生終了は十月下旬とされていますから、二〇〇五年は約二週間近く遅くなったことになります。まるでサクラシメジの発生がほかのきのこの発生の様子をも予言していたかのようです。

少々余談になりますが、きのこの芽の形成と温度との関係をうまく活用しているのが、ヒラタケやエノキタケ、ブナシメジなどの栽培者です。これらのきのこは、木材を粉状にしたおが屑《くず》を使用してきのこをビン栽培します。栽培者は、菌糸をビンの中で生長させる時の温度と、きのこを発生させるための温度を巧みに変えています。ヒラタケやエノキタケでは、きのこの芽を作るための部屋の温度を、菌糸体を生長させるための温度よりも四度から七度低くしています。ブナシメジではさらにその差は大きくなって、きのこの芽を作るのための温度は、菌糸生長のための温度よりも一〇度前後も低く設定されています。もちろん温度以外の湿度条件、光条件などの調節も大切です。しかし、温度条件の厳密な管理が商品価値の高いきのこを生産するための第一条件となっているのです。

自然界では、深さ一〇センチメートルの地中温度の変化ときのこの発生との間

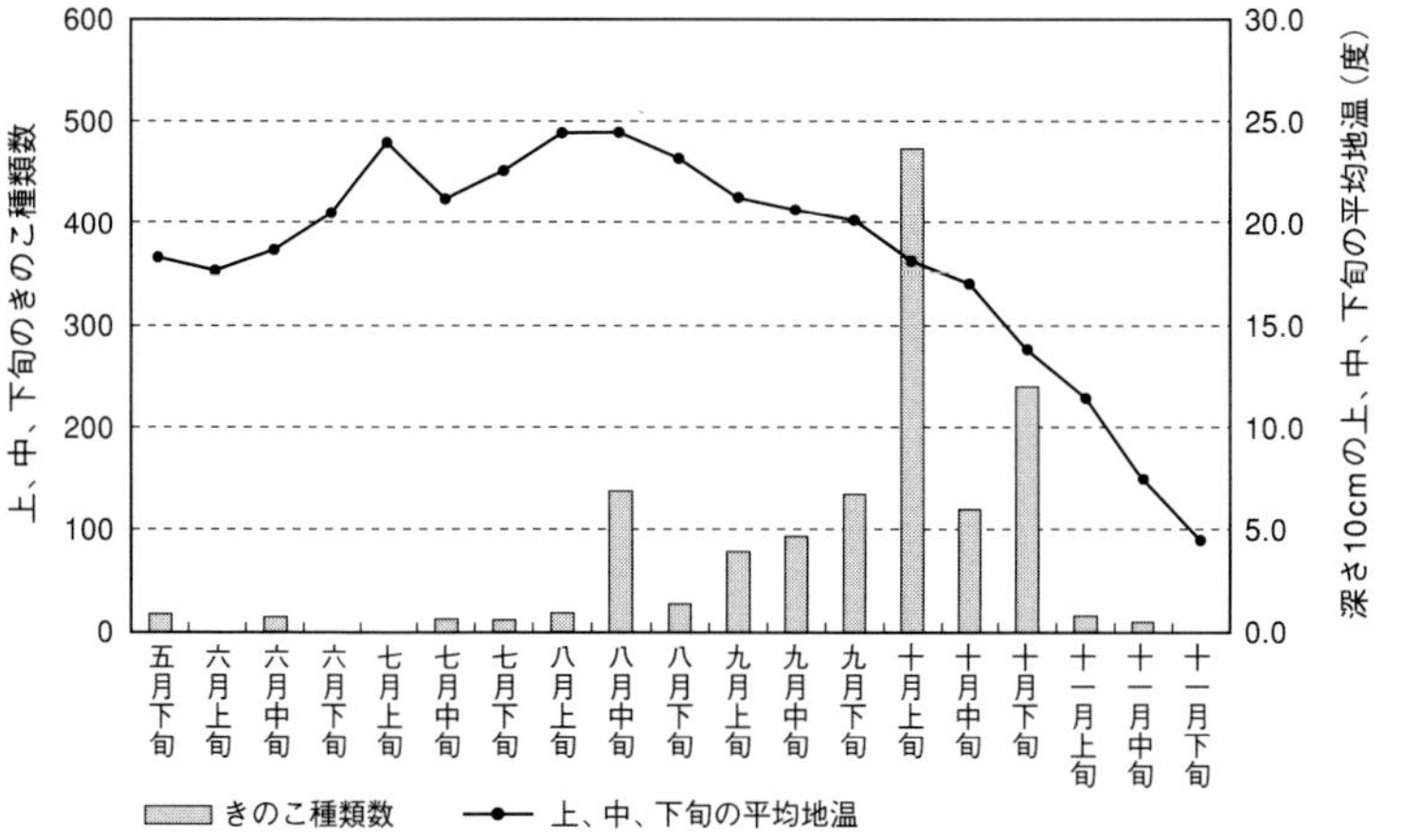

図10　各月の上、中、下旬の平均地温の変化ときのこの種類数（一九九八年、山梨県）（柴田、二〇〇〇を改変）

で興味深い関係があります。その関係をグラフにして紹介します。海抜約八五〇メートルにある富士吉田試験園では地中温度の測定を行っています。深さ一〇センチメートルの地中温度を一〇日ごとに平均して、それをグラフにしました。平均値が約二一度になってから四週間後にきのこの種類が増加しています。特にきのこが豊作だった一九九八年は、一年のうちにこの現象が二回、しかもきわだった形で観察できました（図10）。この年の野生きのこの発生調査は、五月から十一月にかけて全部で四七回行いました。その結果、同定された数は三一一種類で、これ以外にも一〇〇種類以上のきのこを採集することができました。蛇足ですが、その中の何種類かは、日本で初めて見つかったフウセンタケ属のきのことして、二〇〇一年に発表しました。

それでは少し細かくグラフについて説明します。まず一回目の地中温度の低下は、七月中旬にありました。それ以前には、七月上旬まで地中温度が順調に上昇を続け、約二五度にまでなりました。この温度は、平年の最高地中温度とほぼ同じです。一回目の地中温度低下から約四週間後の八月中旬になると、発生したきのこの種類数が一回目のピークを迎え、一五〇種類を超えました。この数字は、この年の九月下旬あるいは十月中旬に発生したきのこの延べ種類数よりも多くなっています。採集されたきのこの主なものは、テングタケ、ガンタケ、チチタケ、アワタケ、ヤマドリタケモドキなどの夏場のきのこはもとより、富士山や八ヶ岳の亜高山帯針葉樹林ではキヒダマツシメジ、オオツガタケ、ササクレフウセンタケ、ミネシメジなど本来はもう少し後の時期に発生するグループも採集することができました。さらに海抜八〇〇メートルから一〇〇〇メートル付近の広葉樹林では、サクラシメジやムラサキフウセンタケもたくさん姿を見せました。これらのきのこは、中部地方では九月中旬ごろに発生するのが一般的です。

　次の地中温度の低下は九月上旬でした。それから約四週間後の十月上旬に、きのこ発生の二回目のピークを迎えました。この時期に発生したきのこのは、延べ四五〇種類を超えました。平年でもこのようにたくさんのきのこが集中的に姿を見せるということはほとんどありません。十月中旬には種類数が減少しましたが、下旬になると再び二〇〇種類以上のきのこが発生しました。中部日本の山岳地帯では、十月下旬以降は、発生するきのこの種類数も少なくなるのが一般的です。しかしこの年は、きのこ発生のための様々な条件がよほど整っていたのか、どこに行っても多くの種類のきのこを見ることができました。

　亜高山帯の森林でも同じような現象が見られるのでしょうか。残念ながら亜高山帯の針葉樹林で一〇年以上にわたって連続して地中温度を計測した例はないと思います。しかし、富士山の海抜二三〇〇メートルのシラビソ林内で、深さ一〇センチメートルの地中温度を一九九六年から計測した結果によると、年間の最高地中温度（深さ一〇センチメートル）は一七度を超えることはありませんでした。また、年間の最低値は、氷点下七度前後でした。さらに一年のうちの約半分（十一月中旬から五月中旬）は土壌が凍結していてきのこの菌糸体の生長はほとんど見られません。

この地域で、カラマツ、シラビソ、コメツガなどの針葉樹の根に菌根が盛んに作られるのは、地中温度の平均が五度以上になる六月から九月のほぼ四か月間に限られています。根に作られる外生菌根の量は、海抜二〇〇〇メートル付近に生えているカラマツ、シラビソ・オオシラビソ、コメツガの三年生以下の小さな実生苗でも季節によって増減します。まず、五月下旬から小さな苗の根に作られる菌根の量が増え始め、九月下旬ごろまでは増え続けます。しかし、十月下旬には菌根量は目に見えて少なくなり、その後はごく一部の細かい根の先端に菌根が残されたままで冬を越すようです。もっと標高が高い場所では菌根が作られて増える期間は、さらに短くなると考えられます。五年間連続して調べても菌根量の季節ごとの変化は毎年同じようでした。ただ残念なことに、どのよう

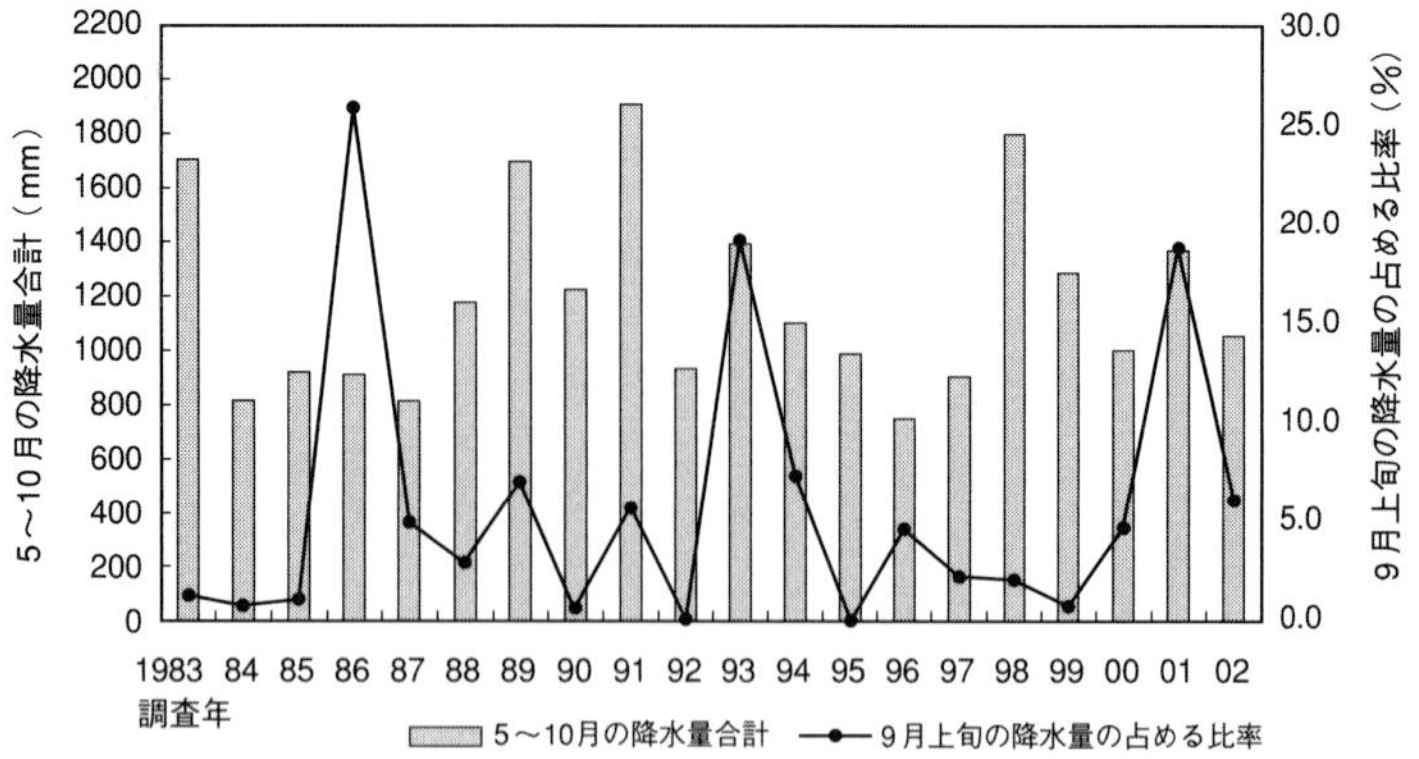

図11　五〜十月の合計降水量とその中で九月上旬の降水量の占める比率（柴田、二〇〇六を改変）

な種類の菌が菌根を形成していたのかは二〇年前の技術では、ほとんど知ることができませんでした。現在の分子生物学の技術を用いれば、種類の特定はそれほどむずかしいことではないかもしれません。しかし今度は、富士山ではやたらに地面に穴を掘ったり、ましてやカラマツやシラビソ、コメツガなどの実生を掘り採るなどということは許されなくなってしまいました。

雨ときのこ

雨が多い年は本当にきのこの発生量も多いのでしょうか。雨の量ときのこの発生量の関係を知るために、一九八三年から二〇〇二年の五月から十月までに降った雨の量を棒グラフにしました。さらに、そのうちの九月上旬の一〇日間に降った雨の量の割合を折れ線グラフにして棒グラフに重ね合わせました。二〇年間のうち、一九九二年と一九九五年は折れ線グラフの値がほとんどゼロになっています（図11）。ほかにも似たような年がありますが、この二年は特に九月上旬の降水量が少なかった年です。そしてこの年は、秋になってもきのこがほとんど発生しませんでした。特にきのこの発生量が少なかったのは富士山をはじめとする亜高山帯の森林でした。平地に比べて低い温度条件の中で伸び続けた菌糸の量が最大になるのは、おそらく九月上旬前後のごく短い期間だと考えられます。この時

表3　きのこの発生が9月上旬の降水量に影響される種類

カラマツ	シラビソ・オオシラビソ	コメツガ
0種類	2種類	8種類

20年間の調査結果を統計処理して求めた。

期の極端な乾燥が、きのこの発生にとって致命的な影響を与えたのでしょう。

さらにおもしろいことに、同じ富士山亜高山帯の森林であっても、きのこの発生が九月上旬の降水量に影響を受けやすい林と、そうでない林が樹種によってはっきりと分けられたのです（表3）。カラマツに外生菌根を作るきのこは、極端に雨が少なかった年を除いて、九月上旬の降水量にはあまり影響されませんでした。これに対して、シラビソ・オオシラビソ林では、外生菌根を作る一部のきのこの発生が九月上旬の降水量に明らかに影響され、コメツガ林では影響されるきのこの種類数がさらに多くなりました。樹木との間で外生菌根を作るきのこに見られるこのような性質の違いは、樹木の持つ性質と良く対応しているようです。カラマツは乾燥した荒れ地に最初に住みつきます。カラマツの外生菌根菌も乾燥した環境でも生き抜く性質を持つ種類が多いように感じられます。一方、コメツガ林の地表は、コケにおおわれ、いつも何となく湿り気が保たれていて、亜高山帯としては穏やかな環境です。ここで生活しているきのこが、極端な気象の変化には弱いことは容易に想像できます。シラビソ・オオシラビソ林は、カラマツからコメツガへと置き換わっていく植生遷移の途中に見られる森林です。その菌根性きのこもカラマツ林とコメツガ林のきのこの中間的な性質を示すのかもしれません。それぞれの森林環境を考えると、九月上旬の降水量に影響を受けるきのこがあったり、なかったりするのも何となく納得がいきます。

これと反対に雨が多い年にはきのこの発生はどうなるのでしょうか。一九九三年は雨が多く、中部地方では梅雨明けもはっきりしませんでした。全国的にも夏の気温が低かったために、米が不作で外国から緊急輸入するなど、天候がきわめて不順な年でした。この年は、平地はともかく、亜高山帯の森林ではきのこの発生があまり良くありませんでした。気温が低すぎたために、地中の菌糸の生長が悪かったことが、きのこの発生量が少なかった大きな原因と考えられます。その上に、水分が多すぎることはきのこの菌糸生長にとっては困りものなのかもしれません。たとえばヒラタケをはじめとするおが屑栽培きのこでは、過剰な水分がきのこの菌糸生長に障害をおこす例が知られています。菌根性きのこも、土の中があまりに湿りすぎていると菌糸の伸びが良くないのかもしれません。

地球温暖化はきのこの発生にも影響するか　—キイロケチチタケ—

私は、以前『森林科学第三〇号（二〇〇〇）』のきのこ特集の中で、亜高山帯針葉樹林で子実体を発生させるきのこ類は、いくつかのグループに分けられるのではないかと多少の想像を交えて書いたことがあります。そのことについて、具体的な例を挙げてもう少し詳しく紹介します。

写真26　キク白さび病の病斑　キクの葉の裏側の白く見える部分が病原菌の冬胞子のかたまり。

ここで紹介するのは、温度がある程度以上高い条件下ではきのこの芽の形成が妨げられるグループです。「温度ときのこ」の章では、一般的な例として温度が下がると、その低温刺激によってきのこの芽が形成されることを紹介しました。ここでは、その逆の例について紹介します。富士山のきのこの発生を調べた結果から、ある程度の高温にさらされると、芽を形成する活動を止めてしまうグループがあるのではないかという仮説を考えました。このような考えが浮かんだのには、理由があります。もう三〇年ほど前のことですが、卒業論文のための研究材料としてキク白さび病菌というサビキン類の一種の病原菌を扱っていました。サビキン類は、多くのきのこと同じ担子菌類《たんしきん》の仲間です。この菌の性質を知りたくて、冬胞子と呼ばれる胞子の発芽と小生子《しょうせいし》の形成温度を調べたことがあります。普通は、冬胞子は発芽すると担子器という器官を作り、そこに小生子と呼ばれるさらに小さな胞子が作られます。ところがそのときの試験では、冬胞子は三〇度以上の温度でも発芽はするけれども、二七・五度以上の温度では小生子が作られないことがわかりました。顕微鏡で観察すると、担子器が通常の三倍以上の長さに伸びています。しかし、いつまで待っても小生子は作られませんでした。それより少し低い二六度では小生子は普通に作られたにもかかわらずです。このときの観察結果はそのままになってしまいましたが、一九八三年に内田勉氏が山梨県

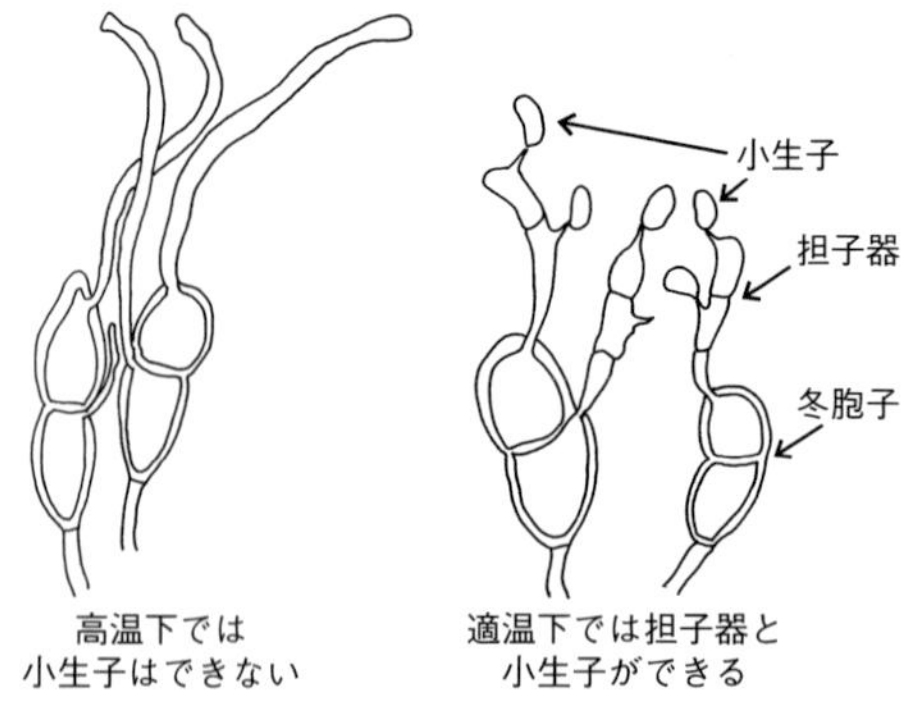

図12　キク白さび病菌の冬胞子発芽

の甲府盆地周辺ではキク白さび病の発生が夏には少なくなることを報告しています。おそらく、夏にはこの病原菌の小生子が作られにくくなるのでしょう（写真26・図12）。

富士山できのこの発生の仕方をまとめようとしたときに、もしかしたら似たような現象がきのこでもおこるのかもしれないと思いつきました。そこで、今まで調べてきたきのこの発生状態と気象観測データをつき合わせて検討してみました。

富士山亜高山帯のシラビソ・オオシラビソ林に、キイロケチチタケというチチタケ属のきのこが発生します。このきのこは、図鑑にはトウヒ属やカンバ属の木の下に発生すると紹介されています（図13）。これらの樹木以外に、富士山ではモミ属の樹下で多く見られます。また、富士山で発生が確認されているのは海抜二〇〇〇メートル以上の森林だけで、発生の時期も八月下旬から九月中旬までのごく短い期間に限られています。世界での分布範囲を調べると、主として亜寒帯の針葉樹林に発生するきのこだということがわかります。これらのことから、キイロケチチタケは寒冷な地域のきのこだと考えられます。しかし、八ヶ岳や秩父山地西部の亜高山帯針葉樹林では、同じ標高の地域であっても発生が確認されていません。

このキイロケチチタケの発生量を一九八二年から調べたノートを見直しました。

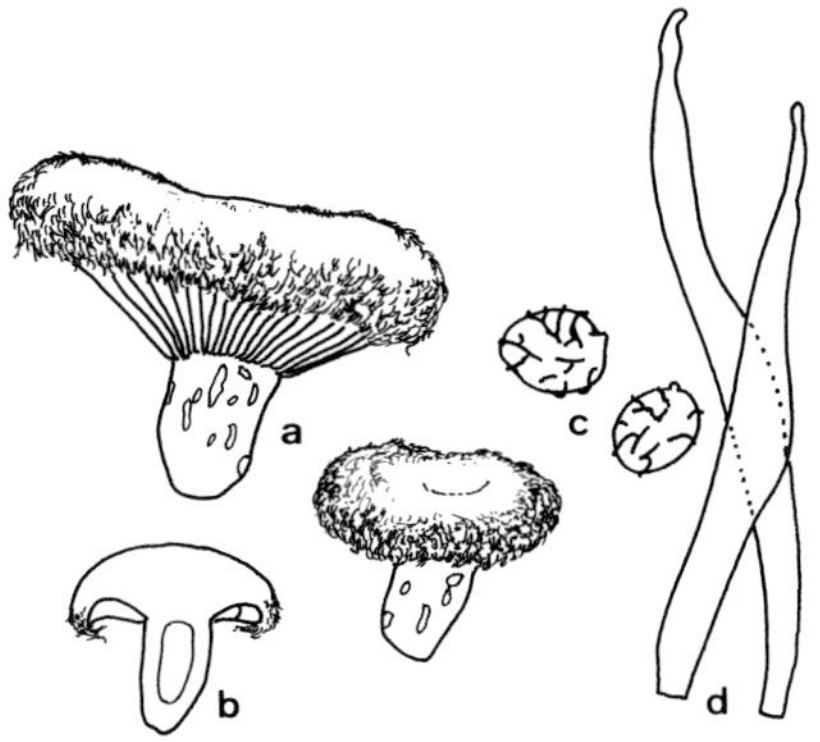

図13　キイロケチチタケ　a・bは子実体、cは胞子、dはシスチジアと呼ばれる部分。(a・bは肉眼、c・dは顕微鏡の図)

調査は、富士山の精進口登山道沿いにある海抜二三〇〇メートル付近の決められた場所で毎年繰り返し行いました。これまでにこの場所で調べた回数は、約七〇回です。年ごとにきのこの発生量を比較してみると、一九九〇年までと一九九一年以降では、キイロケチチタケの発生パターンが違うことがわかってきました。一九八二年から一九九〇年までの九年間は、年によってきのこの発生量に違いはありましたが、毎年必ずきのこが発生しました。ところが、一九九一年から二〇〇三年までの一三年間のうちに、きのこが発生しない年が五回もありました。また、きのこの量もそれ以前に比べると少なくなっています。初めのうちは、きのこ狩りに来た人に採られてしまったのかと考えていましたが、それが原因とはいえそうもないことがわかりました。少なくとも日本の図鑑の中でキイロケチチタケは食用きのことしては扱われていません。さらに、はっきりと有毒と書いてある外国の図鑑もあります。その味は、渋いというか辛いというか、とにかく食べたくなるような代物ではありません。このきのこがたくさん発生していたころは、森の中で採ったきのこを選別した後にキイロケチチタケが山のように捨てられていたのをよく見ました。ところが一九九〇年代に入ると、捨てられたきのこの中にもほとんどその姿が見られなくなってしまいました。やはりキイロケチチタケの発生量が減少してしまったようなのです(図14)。

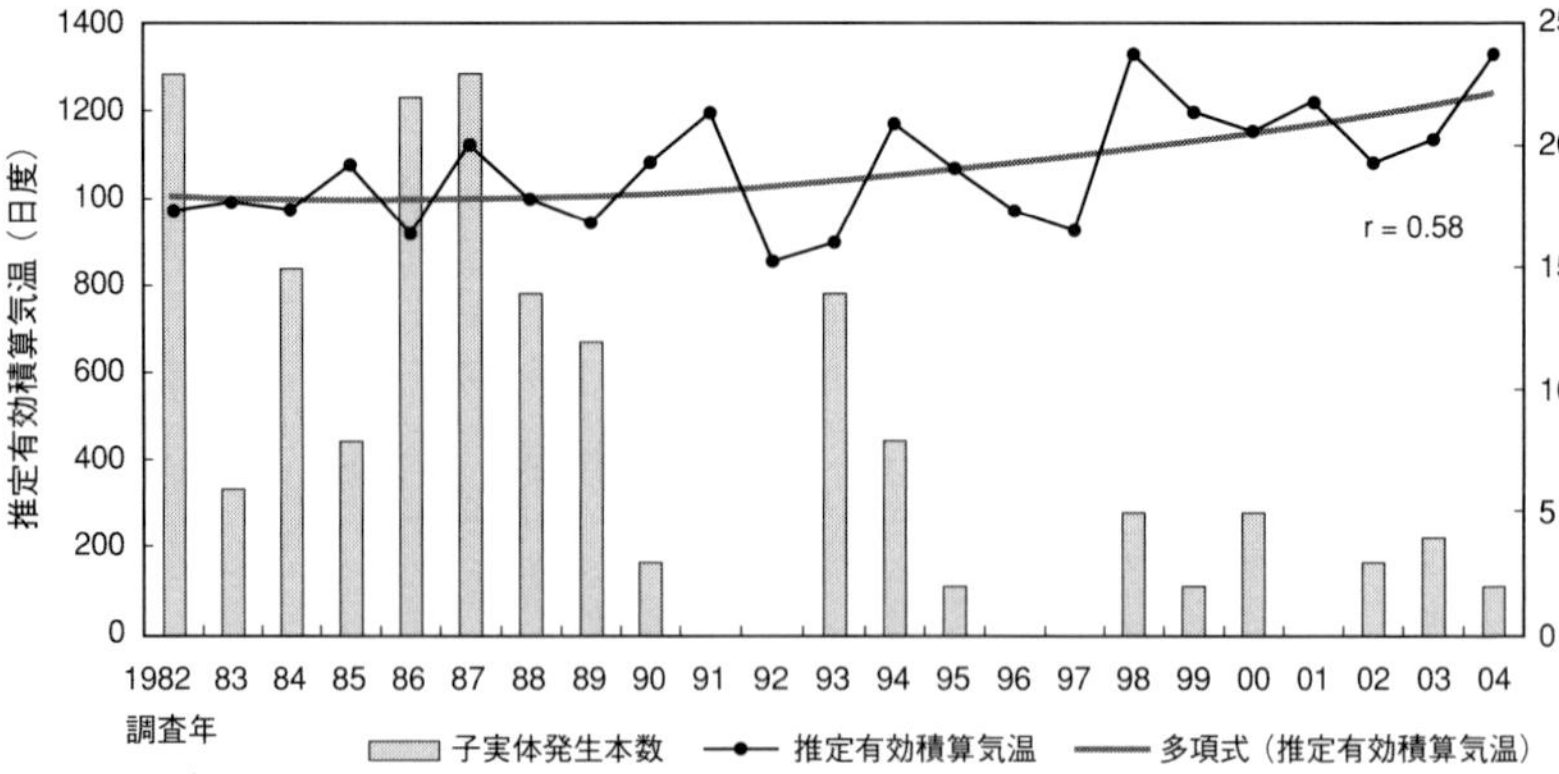

図14　富士山の海抜2300メートル地点の推定有効積算気温とキイロケチチタケ発生の変化

どうしてキイロケチチタケの発生量が減少してしまったのか、その原因を考えてみました。まず、きのこ狩りという人為的な作用による減少は考えられません。それ以外に最も関係のありそうなことは気象条件の変化があります。そこで、気温や地中温度の変化のしかたを調べてみました。

農業や林業をはじめとして生物の生活を研究の対象にするときに、積算温度という指標をよく利用します。農作物などの生育の進み方や栽培の限界となるような地域を知るために利用される指標です。一番身近な例では、サクラの開花予測にも利用されています。サクラの開花までには、何度以上の気温の日が何日間続けば良いかがほぼ決まっています。この気温を日数分だけ足していったのが積算温度です。同じような考え方は、きのこの栽培にあたっても利用されます。積算温度の中でも代表的なのは、吉良竜夫氏（一九四八）の「暖かさの指数」、「寒さの指数」です。キイロケチチタケの発生量の減少も、この積算温度の考え方を使って説明できないかと考えました。

その前に、積算温度について簡単に紹介します。まず注意していただきたいのは、積算温度は、温度を単純に積算していけば求められるわけではありません。積算温度という表現にも少し問題があるのかもしれませんが、正しくは有効積算温度です。つまり、生物の生育にとって有効な温度を足していった数値です。吉良氏の説では、植物の生育にとって有効な温度は五度以上と考えられています。「暖かさの指数」、「寒さの指数」はこの温度を基準にして計算されています。また、昆虫などでは生育に有効な温度は一般に一〇度以上と考えられています。このように生き物の種類によって有効な温度は違ってきます。きのこの場合は、菌糸の生長に有効な温度は四度以上と考えておきます。なお、参考までに有効積算温度を計算する方法ときのこの菌糸生長に有効な最低温度を四度にした理由を上の注に紹介しておきました。それもあわせて見ていただくと生き物の生活を知る上で参考になると思います(注)。

まず、富士山頂の気温をもとに、海抜二三〇〇メートルの気温を推定しました。推定するときには、安藤愛次氏（一九六二）の使用した気温の低減率（高度が一〇〇メートル高くなると気温は〇・五六度ずつ下がる）を利用しました。一般には、気温の低減率は、〇・六度といわれていますが、中部山地ではこれまでも〇・五六度が使用されてきました。そこで、これによって得られた数字と、きのこの菌糸が生長できる最低限の温度の四度をもとにして、この地域の五月から十月までの有効積算気温を計算しまし

(注) 有効積算温度＝$\Sigma(T-t)$という数式で求めます。Σという記号は、数値を足し算していくという意味を持っています。有効積算温度の単位は、日度で表します。Tで表されるのが環境温度（気温、地中温など）、tで表されるのが発育限界温度と呼ばれています。有効積算温度を計算する時には、$T-t$の値が0以上の数字になった場合だけを足し算します。吉良によって示された「暖かさの指数」、「寒さの指数」もこの発育限界温度（t）を使用しています。ごくおおざっぱに表すと、温帯地域の植物ではt＝五度、昆虫ではt＝一〇度と考えられています。菌類では、残念ながらこれほど明確な発育限界温度はわかっていません。しかし、栽培きのこ類の菌糸伸長温度を調べてみると、発育限界温度の下限は、三度～五度の間にあることがわかります。さらに、デボゥ（Debaud, 1987）が、高山帯で子実体を形成する二四種のカヤタケ属のきのこの菌糸体生長温度を実験室で測定した結果を紹介しています。測定したきのこの三分の一の種類が四度でも緩やかに菌糸体が生長することがわかりました。このような結果にもとづいて、ここでは便宜的な値としてきのこ類の菌糸伸長の発育限界温度を四度と仮定しました。なお、菌根形成が盛んになるのは、地中温度が五度以上になった時と前に書きました。菌根は、植物と菌類の両者によって形成される組織であるため、菌根形成が植物の生育のための下限温度に左右される可能性があるからです。

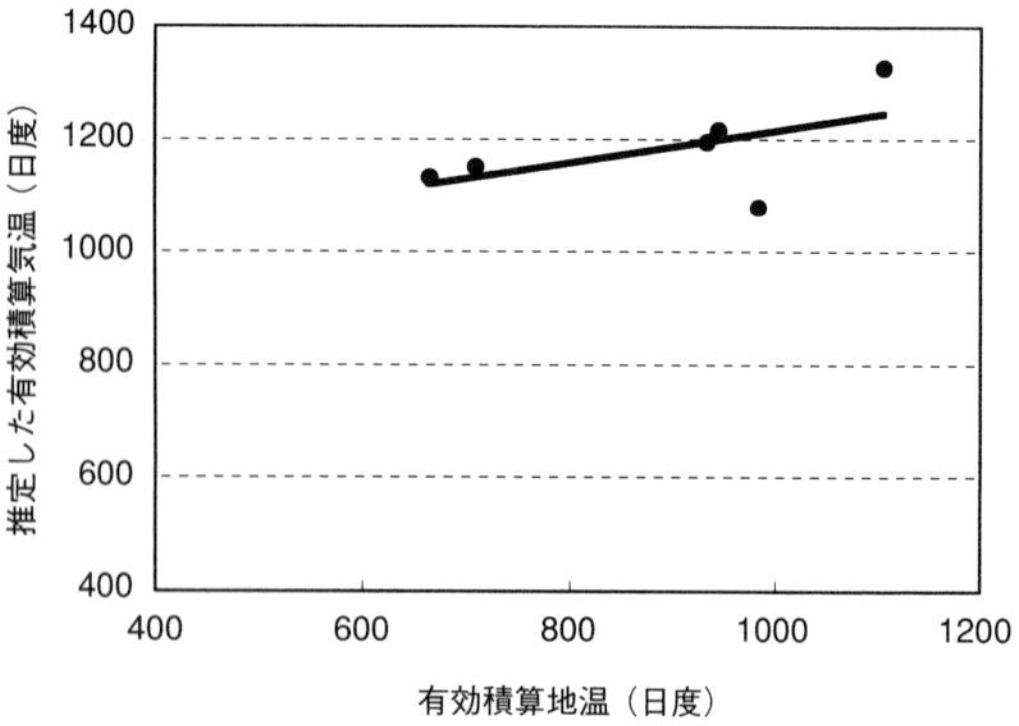

図15 推定した有効積算気温と積算地温（二二五〇メートル）の関係（相関係数は〇・五七で温度変化には関係がある）（柴田、二〇〇六を改変）

た。これとは別に、海抜二三〇〇メートル地点の気温を積算した数値と、同じ場所の深さ一〇センチの地中温度を積算した数値を比べました。細かい計算式は省略しますが、これら二つの数値の関係を表す値である相関係数は〇・五七になりました。この値が一に近づくほど、二つの温度の変化の関係が強くなります。また、五月から十月までの雪のない時期は、気温と地中温度は同じようなパターンで変化することが富士吉田試験園での観測結果からわかっています。つまり、気温の変化を知ることができれば、地中温度の変化も推定することができることになります（図15）。

　このように、いくつかの観測データをまとめると、海抜二三〇〇メートル付近の地中温度もしだいに上昇つつあるようです。そして、一日ごとの温度変化は、ほとんど気づかないほどわずかでも、毎日の温度を足し算していくと案外大きな差になってしまうことがわかります。

　ここで話題をキイロケチチタケに戻します。一九九〇年代以降は、富士山の海抜二〇〇〇メートル以上の亜高山帯針葉樹林でキイロケチチタケの発生がそれ以前と比べて減少している事実はすでに紹介しました。また、この減少がきのこ狩りの影響によるためでないこともすでに述べたとおりです。気温もしくは地中温度の変化に注目してこの現象を説明するならば、一九九〇年代以降には、積算地

写真27　キイロケチチタケ

中温度が上昇したことがひとつの原因として考えられるかもしれません。それ以外にも一九九一年以降の亜高山帯の有効積算気温は急激な上下変動を繰り返しています。一九八一年から一九九〇年までの有効積算気温が最も高かった年と低かった年の差を計算しました。するとその差は、一八七・二日度でした。ところが一九九一年から二〇〇四年の間では有効積算気温が大きく上下しています。この期間中では最も高かった年と低くかった年の差は、三〇〇・四日度にもなりました。これも発生量が少なくなってしまった原因のひとつかもしれません。

キク白さび病菌の例で紹介したように、キイロケチチタケ自身が高すぎると感じる温度にさらされると、きのこの芽がうまく作られないのではないかという推測も成り立ちます。その温度はいったい何度なのでしょうか。どのくらいの期間特定の温度にさらされると子実体形成が阻害されるのか。キク白さび病菌のような具体的な温度があることを実験的に証明できるのでしょうか……。考え始めると次々にいろいろな疑問がわいてきます。

しかし、残念ながらこの話はここでおしまいにせざるを得ません。なぜならば、今のところ、キイロケチチタケを寒天培地の上で人工培養することに成功していないからです。菌根性のきのこを実験材料として扱うには、どのようにして菌糸体を培養するかという問題点と、培養した菌糸からどのようにしてきのこを発生

写真28　アカタケ

させるかという二つの大きな壁が立ちはだかります。幸いにも滋賀県林業センターの太田明氏をはじめとするグループの研究によってそれまでは不可能とされてきた菌根菌ホンシメジを人工的に発生させることができるようになりました。将来、菌根菌の培養も簡単にできるようになったとき、キイロケチチタケを材料にした研究も一気に進むかもしれません。

これまではキイロケチチタケに限って話を進めてきました。実はこれ以外にも同じような傾向を示すきのこがほかにも何種類かあります。ただ、いずれの種類もキイロケチチタケほど劇的に発生が減少したわけではありません。そんな中でもフウセンタケ科ササタケ属のアカタケのきのこ発生量の減少が目立ちます。この種類も気温の低い亜寒帯の針葉樹林で主に見られる菌根性きのこです。また、濃赤色で毒々しい外見のために、きのこ狩りの対象にはなりにくい種類です。過去約二〇年間記録し続けたノートを見返しても、きのこの量が減っています。

キイロケチチタケやアカタケのように、本来は亜寒帯地域を主な分布域とするような種は、富士山の亜高山帯林の地中温度の上昇にも敏感に反応してきのこを形成しなくなっているかもしれません。もしかするとここに紹介した以外にも、きのこを作らなくなった種類があるのかもしれません。

雨さえ降れば　—カラマツ林のきのこ—

ここで紹介するのは、主にカラマツ林で見られる菌根性きのこです。その代表としてハナイグチとシロヌメリイグチの例を挙げます。この二種類は、海抜一〇〇〇メートル以下の地域では九月下旬から十月にかけて発生するのが一般的です。しかし、年によっては、山梨県富士吉田市や茨城県つくば市での例のように、四月下旬や六月上旬にきのこが発生することがあります。このような年の気象条件を調べてみると、いずれも春先に平均気温の高い日が続いていました。

ハナイグチはほかの菌根性きのこに比べると試験管内で培養しやすい性質を持っています。この菌を試験管内で培養すると、マツタケやアカハツ、ベニテングタケなどの菌根性きのこの菌糸よりもずっと速く生長することがわかりました。菌根性きのこの菌糸を試験管の中で人工的に育てるために特別に開発された改良浜田培地という寒天培地を使って、ハナイグチとマツタケの生長量を比べると、ハナイグチの菌糸はマツタケの菌糸の一〇〇倍近い速さで生長しました。これは驚異的な差です。自然界ではどうかというと、これほどの生長速度の差があるのかどうかははっきりしません。ハナイグチと同じヌメリイグチ属のきのこのアミタケでは、ダールベルグ氏ら（一九九〇）の研究によって年間の菌糸生長速度は自然界では約二〇センチメートルと推定されています。ハナイグチとアミタケの菌糸が試験管の中で生長する速さにはあまり差がありません。この二種類は、自然界での菌糸の生長速度にもそれほどの差はないのでしょう。

また、小川眞氏（一九七八）のまとめによればマツタケのシロの生長は、年間一〇センチメートルから一五センチメートルとされています。マツタケではシロの生長速度を計った数値なので、アミタケの菌糸生長速度と単純に比較することはできませんが、アミタケの方が生長速度は速そうです。実験室で観察したハナイグチとマツタケの菌糸生長速度の差から考えると、きのこにとって悪条件が続いて生長が一時的に悪くなっていても、ハナイグチは条件が回復して生長を始めればその後の菌糸生長も速そうです。このような性質を持つために、菌糸生長の速いハナイグチは雨さえ降れば素早くきのこを作ることができるのでしょう。

前にも紹介したように、ハナイグチのこのような性質を裏付ける実験結果があります。十月の降水量が記録的に少なかった一九九七年に、樹齢二五年生のカラマツ林内に散水をしてみました。一〇メートル四方の区画を二か所つくり、降水量に換算すると一〇ミリメートルの水をまきました。散水は九月三十日および十月十五日の二回行いました。これと同時に、散水しない区画を作り、両方の区画でハナイグチのきのこ発生状況を比べました。その結果、散水した区画ではハナイグチが合計で五〇本出ました。散水しなかった区画ではきのこが合計二三本しか出ませんでした。十月十五日の散水後に出たハナイグチの本数だけを比べると、散水した区画では二八本のきのこが出たのに、散水しなかった区画では九本しか出ませんでした。どうやら散水したことによってハナイグチのきのこ発生本数が増えたようです。

さて、これまでのことから、次のようなグループがあるのではないかと考えられます。つまり、カラマツのようなパイオニア植物につく菌根性きのこは、生育条件の厳しさに対応するために素早く菌糸を生長させる能力と、素早くきのこを作る能力を併せ持っているのではないでしょうか。これは、まさにカラマツのような厳しい環境に生育する植物にとっても、打ってつけの性質です。カラマツが先か、きのこが先かは、はっきりしませんが、このような性質は、お互いにとって有益であることは間違いないでしょう。ここで紹介したカラマツ林の菌根性きのこの多くは、ある程度まで菌糸の量が増えてくれれば、後はきのこを発生させるための条件さえ整えば良いというグループです。その条件とは、温度であったり降水であったりするのでしょう。しかしきのこの発生に対しては、どちらが主因であるのか、あるいはどちらも同じくらいの比重を占めているのかは、未だにはっきりしない種類も多いようです。

きのこの生物季節

春が近づくとニュースの話題としてサクラの開花予想が発表されます。さらに、近年はサクラの開花日が年々早まっていることなどもあわせて報道され、これが地球温暖化の証拠のひとつとして考えられることもあります。このように開花、紅葉、初鳴きを初めとして、様々な生物の生活状況の変化から気象状況を知ることを生物季節と呼んでいます。生物季節の研究は、イギリスやノルウェーなどで十八世紀の中頃から始められ、現在では世界各国で様々な観測が行われています。

四季の変化がはっきりしている日本でも気象庁を中心として一九五三年から各地の気象台で生物季節の観測が続けられています。しかし、残念ながらその中に野生きのこの発生についての調査項目はありません。きのこは種類の同定が簡単にはできない、発生する期間が短く見つけにくい、同一の個体をずっと観測し続けることがむずかしいなどの理由から敬遠、もしくは初めから無視されているのかもしれません。

それにもかかわらず、毎年秋になるとマツタケをはじめとするきのこの話題が聞かれます。具体的なデータは示されてはいませんが、これまでの生活の中で日本人がきのこに季節を感じていることは間違いありません。ここでは、富士山を中心とする亜高山帯の森林をはじめとする様々な場所できのこの発生を調べたデータをもとに、きのこの生物季節について考えてみることにします。なお、きのこが発生する時期については「森のきのこ図鑑」の中で一般の平地と亜高山帯での差を示しておきました。それを見ると、具体的な差がよりわかりやすいと思います。

繰り返しになりますが、きのこは本当に秋のものなのでしょうか？　答えは「ノー」です。自然界では、冬から秋まで様々な種類のきのこが発生します。まず冬（秋の終わりから春先までを含みます）の代表的なきのこはエノキタケです。雪の下でも枯れ木に発生します。そして春の代表選手は、アミガサタケの仲間です。ちょうどサクラの咲くころに公園や庭先などで目にすることもあります。夏には梅雨時を中心にして様々なきのこが姿を現し始めます。特に亜高山帯の森林では夏から秋の初めにきのこ発生のピークを迎えます。そして秋になればきのこの話題には事欠きません。秋の終わりから冬の初めにかけてはヒラタケが庭先の枯れ木の根元に生えてきたりしてきのこ好きを喜ばせます。

きのこ採りの名人と呼ばれる人たちは、季節の変化ときのこの発生の関係を経験的に熟知しています。名人たちは秋になったからといってやたらに歩き回るのでなく、きのこの季節を知るための様々なものさしを持っています。そのものさしのひとつが温度です。もともと日本に自生していたきのこの多くは、低温の刺激によってきのこの芽を作る性質があります。野生きのこをごくおおまかに分けると、わずかな温度変化にも敏感に反応して芽を作るグループと大きな温度変化がないと芽が作られないグループの二種類になります。私たちが商店の店先で目にすることができる多くのきのこも、それぞれのきのこの持つ温度に対する特性を調べて応用することによって一年中栽培することが可能となっているのです。

きのこの発生と温度の関係を、きのこが大豊作だった一九九八年に山梨県内で調査した結果のグラフをもう一度使って紹介します（157頁図10参照）。図の棒グラフは発生したきのこの種類を一〇日ごとに合計した数です。折れ線グラフは、一〇日ごとの深さ一〇センチメートルの地中温度の平均値です。棒グラフには八月中旬、十月上旬そして十月下旬に目立つピークがあります。折れ線グラフには、七月中旬に目立つへこみがあります。温度変化ときのこの発生の関係をこのグラフから読み取ると次のようになります。七月中旬に平均地中温度が二一度まで下がった結果、その約一か月後に温度変化に敏感なきのこグループが発生しました。しかし、地中温度が再び上昇したため、その後はきのこの発生が少なくなりました。そして地中温度が再び二一度に下がってから約一か月後の十月上旬に二度目のピークがやって来ました。これが野生きのこ発生の中心として一般に知られている時期です。そして最後は十月下旬です。この時期の地中温度はすでに一五度

写真29　ショウゲンジ

近くにまで下がっています。ここで見られるきのこは、大きな温度変化によって芽を作るグループのきのこが大半を占めています。過去のデータを検証してみても気象条件が平年並みの年には、きのこの発生はだいたい似ています。これがおそらく本州中部の内陸地域の代表的な野生きのこ発生パターンだと考えられます。

さらに、それぞれのグループに含まれる主なきのこの種類もほぼ決まっています。

亜高山帯きのこの生物季節は

亜高山帯の森林にもこのグループ分けがあてはまるのでしょうか。結論からいうと、どうもそう簡単にはいかないようです。富士山のきのこの発生を調べた結果では、標高が高い森林ほどきのこの発生時期が早くなっています。たとえばショウゲンジは富士山五合目付近（二三〇〇メートル）では平均すると八月中旬から発生を始めます。ところが山麓地域（九〇〇メートル前後）では九月下旬になってきのこが発生します。発生の終わりは五合目付近では九月下旬、山麓地域では十月中旬です。

また、シモフリシメジは、五合目付近では九月中旬から十月上旬に発生しますが、山麓地域では十月中旬から十一月上旬にかけてが発生の時期です。これ以外にも五合目付近では山麓地域に比べて発生時期が早くなるきのこは数多くあります。これらをまとめると、富士山五合目付近に代表されるような亜高山帯の森林では、山麓地域に比べてきのこの発生時期が早くなるといえます。さらに、山麓地域で見られるような発生の順番があまりはっきりせずに、多くの種類のきのこが一度に発生することがわかります。

二〇年ほど前に北欧のスウェーデンやノルウェーできのこ狩りをしたときにも同じような経験をしました。日本では、同じ時期に発生することはほとんどないようなきのこが一斉に姿を見せていました。十五年ほど前には、ヒマラヤ山脈の西の端にあるナンガパルバットという八〇〇〇メートルを超える高山の麓で約三か月間きのこ調査をしました。麓といっても海抜四〇〇〇メートル近いあたりで、富士山の頂上よりは高い場所でした。そこでもやはり同じようにいろいろなきのこが一斉に出ていました。当時のノートを改めて見返すと、これらの地域のきのこの出方は、中部日本の亜高山帯と似ているようです。

詳しく紹介したのは富士山の例ですが、八ヶ岳の編笠山や権現岳、奥秩父の金峰山の亜高山帯森林とその山麓地域の森林の間でも同じようなことが言えます。海抜二〇〇〇メートル以上の森林では、多くのきのこが比較的短い期間に集中的に発生します。亜高山帯林でのきのこの発生は、「きのこは秋のもの」という一般常識にはあてはまりません。きのこの生物季節は場所によっては大きく違います。温度の差がこのような違いを生み出している大きな理由のひとつです。

Ⅶ　きのこを通して森を見る

きのこは敏感　―環境変化ときのこ―

一般的にかびをはじめとする菌類は、普段は肉眼で観察することがむずかしい生き物です。しかし、菌類の一員であるきのこは少し違います。庭先にきのこが生えているのを幼い子供たちが真っ先に見つけることも少なくありません。きのこは、ほとんどの人たちが何となくではあっても、頭の中に姿や形を思い浮かべることができる生き物です。普段から食事の材料として使われたり、絵本の中でユーモラスな存在として描かれることの多いことが幸いしているのかもしれません。反対に、食べると死んでしまうような毒きのこの存在が、強烈なイメージとして残るからなのかもしれません。このように誰もが知っているきのこを環境の変化をいち早く知るために利用することができたらおもしろいなと考えています。

この思いつきのヒントになったのは、ずっと以前に行ったクリ畑でのきのこ調査や富士山や八ヶ岳をはじめとする森林で行ったきのこの調査で得られた結果です。多くのきのこの発生を長い間観察していると、キイロケチチタケやアカタケなどのように発生量が少なくなってきたきのこがあります。その反対に、人がたくさん通る登山道の周辺ではキツネタケやワカフサタケの仲間が目立ちます。これらのきのこが出なくなる、あるいは出始めることには必ず理由があります。きのこが出しているシグナルとその意味を、読み解くことができれば森林の環境変化を知ることができるのではないでしょうか。

富士山で調べ続けているキイロケチチタケのきのこ発生量の減少は、森林の衰えが日本の各地で報告され始めた時期と一致します。幸いなことに、二十一世紀に入ったばかりの富士山では、目に見えるほど大規模な森林の衰えは観察されていません。多くの人が富士山の自然環境に関心を持ち始め、様々な対策がとられ始めた結果であるかもしれません。キイロケチチタケ以外にも発生量が変化しているきのこは、アカタケをはじめとして何種類かあります。しかし、その中で温度の変化ときのこの発生量の間の関係が、キイロケチチタケほどはっきりしているように思える種類はまだ確認されていません。

発生量が減少していくきのこがある一方で、二〇年前に比べて見かける機会の多くなったきのこもあります。その代表がキツネタケやワカフサタケ類です。これらのきのこは、人間が踏み荒らしたり、雪崩《なだれ》や水の流れによって表面の土が削

り取られた場所でよく見かけられる種類です。このように環境が荒らされること
を攪乱《かくらん》と呼んでいます。機械的に環境が荒らされる場合以外にも、シカをはじめ
とする動物が大量に糞をした場合なども攪乱と呼びます。そして荒らされた環境
に住みつく生き物を攪乱依存種と呼ぶことは前にも紹介しました。攪乱依存種が
たくさん見られるような場所は、何らかの理由によって環境が安定しない場所だ
と考えることもできます。

ここで、誤解しないでいただきたいのは、環境が安定しない場所が、必ずしも生態的に悪い場所になるとは限らないことです。最も身近で典型的な例としては農地があります。農地では、常に耕されることによって、それなりの良好な生態系が形づくられています。たとえば、繰り返し耕され、手入れの行き届いたクリの畑では、キツネタケやオオキツネタケなどの攪乱依存種をはじめとして、多くの種類のきのこがたくさん発生します。一方、手入れもされずに放置されたままのクリ畑では、下草が繁ってきのこの種類も少なくなってきます。そして、やがてはクリ自体も枯れてしまいます。

しかし、人間が常に耕している農地や人の手によって植林された森林と違って、人の手がほとんど入ることのなかった森林では、状況が異なります。このような森林では、攪乱に依存する種類のきのこの増加は、環境が変化したことを示して

います。富士山では、大規模な雪崩によってそれまでの森林が破壊され、新たに生まれた環境にキツネタケやワカフサタケなどのきのこが入り込んできました。これほど規模が大きくてはっきりした攪乱であれば誰でも気がつき、そしてその後の生態系の変化もある程度は納得できます。ところが、実際には、もっと小さなあまり目立たない変化も常に起きています。なかでも、登山道沿いのキツネタケやワカフサタケ属のきのこの発生量の増加は、いったい何を意味しているのでしょうか。二〇年前につけていた野帳と最近の野帳の内容を比べてみてもこれらの種類のきのこが増加しつつあることがわかります。おそらく、登山者の増加と攪乱に依存する性質を持つきのこの発生量の増加は無関係ではないはずです。今のところは、登山者の増加が直接に森林の衰えをもたらしたという調査結果はありませんし、ヒト以外の生物や自然現象に起因する極小規模な森林環境の変化は常におきています。しかし、特定のきのこの発生量だけが増え続けることは、その地域の生態系に何らかの変化がおこりつつあることを示してます。

今のところ、ある種のきのこの発生量の増加や減少が、森林生態系が変化する兆しになるかどうかについては、はっきりとした結論が出されているわけではありません。その一方で、今後の森林でおきるわずかな変化も見逃さないためには、現在の森林の状態をできるだけ丹念に記録しておく必要があります。きのこは、肉眼で観察できる微生物です。森林だけでなく、生態系におきている変化を知るうえでも、きのこを調べて記録することは有効な手段になるかもしれません。

きのこの住む森

熱帯多雨林は、生物全体の種類と量の多さではその他の地域を完全に圧倒しています。ところがその森林を支えている土は粘土質のために、養分が流れ出してしまうことが多く、栄養分は意外に少ないといわれています。こうした森林では、植物は菌根菌に助けられて少ない養分を土の中から集めています。少ない養分を効率よく集めなければならないのは亜高山帯の森林も同じです。そしてここでも同じように菌根菌の助けを借りています。どちらも同じように見えますが、熱帯多雨林と亜高山帯林とではそこに住んでいる植物はもちろん違い、菌根菌の種類も大きく異なっています。熱帯多雨林では、きのこを作らない種類の菌根菌が非常に多いといわれています。その原因は菌根菌の種類の違いにあるようです。一方の亜高山帯林では、きのこを作る様々な菌根菌が広い範囲に、数多く分布しています。そして、これらの菌根菌は、土の中に菌糸のネットワークを作り、異なる植物どうしを結びつけていることも考えられます。独特の菌根菌グループを持ち、発生するきのこの種類が他の針葉樹林とは少し違うカラマツ林でさえも、グループ内のきのこのうちの何種類かはカラマツ以外の木、たとえばシラビソやコメツガにも菌根を作ります。シラビソ・オオシラビソ林とコメツガ林では、さらに多くのきのこが両方の林で菌根を作ります。その数は、少なくとも二〇種類以上にはなります。

亜高山帯林では、発生するきのこの種類によって森林の環境を推測できるのではないかという例も紹介しました。亜高山帯の森林に限らず、里山のアカマツ林やナラ類の林でも同じようなことができるのかもしれません。しかし、里山は、様々な植物が生育することが多く、きのこと樹木の関係を特定することは容易ではありません。かえってクリ畑のような農地の方が、きのこと樹木の関係を調べるための条件が単純なので調査に向いていることもあります。二五年以上も前、まだ菌根菌の修行を始めたばかりの頃に数年間調べた結果から、きのこの種類の多いクリ畑の方は、そうでないクリ畑よりも当時ポックリ病と呼ばれていた立ち枯れ病が少ないという結論を導き出すことができました。

このときの経験と、亜高山帯林のきのこを調べた結果から、生えている樹木の種類が少なくて単純な森林では、森林の健全度や安定度を測る指標のひとつとして、きのこが活用できるのではないかという思いを強く抱くようになりました。きのこの種類が少なくなったり、その反対にある種のきのこが突然に発生し始め

写真30　ベニテングタケ

たりすることは、森林が変化し始める前兆現象かもしれません。マツタケの発生が減少し始めてしばらくするとアカマツ林もあちこちで枯れ始め、踏み荒らされた登山道の周辺にキツネタケの仲間が増えたりするのは、ほんの一例です。特に、気候変動をはじめとする環境の急激な変化に対して弱いといわれる亜高山帯の森林では、きのこの変化を通して森林が変化する前兆を少しでもとらえることができれば、かけがえのない財産を未来に残す手助けになるのではないかと思っています。

きのこと人のかかわり　―これまで、そしてこれから―

きのこと人間のかかわりは、いつごろから始まったのか定かではありません。メキシコの先住民は、宗教儀式のために幻覚作用を持つきのこを利用したり、北欧のバイキングが戦いの前にベニテングタケを食べたというのは多くの本にも書かれている有名な話です。このほかにもローマ時代の博物学者プリニウスは、トリュフについて『博物誌』に書き記しています。中国でも漢の武帝の時代に宮廷内にマンネンタケが出てお祝いするほどの騒ぎになったという話も伝わっています。日本でも『今昔物語』の中に、ツキヨタケを食べても中毒しない僧の話がでてきたりするくらいですから、昔から人々の生活と密接にかかわっていたことは間違いありません。

一方で神秘的なものとして扱われていたきのこは、もちろん食料としての認識も古くから持たれていました。きのこ栽培の歴史については、山中勝次氏（二〇〇五）が簡潔にまとめています。それによると、記録に残っている最も古い栽培きのこはキクラゲとエノキタケだそうです。いずれの栽培も中国で始められ、キクラゲは七世紀頃から、エノキタケは九世紀頃から、また、マッシュルームとして広く利用されているツクリタケ栽培は、フランスで十七世紀中頃から始められたそうです。ちなみに日本のシイタケは一九三〇年代にシイタケの菌糸培養法が確立され、原木にシイタケの菌糸を植えつける方法が普及して、生産量が飛躍的に増加しました。

また、きのこの成分を薬として利用しようとする研究も盛んに行われています。きのこと同じ菌類であるペニシリウムというかびの一種から、ペニシリンという抗生物質が見つけられたことは広く知られています。これに刺激されて、きのこの中にも含まれているかもしれない有用な物質の探索が第二次世界大戦末から行われました。しかし、当時はめざましい成果は得られなかったようです。一九八〇年代にはシイタケ、カワラタケ、スエヒロタケから抽出された物質が医薬として正式に登録されました。残念ながら、それ以後は新たに医薬として登録されたという話を聞いていません。ただ、この分野の研究は現在でも注目を集めていて、将来はきのこを原料としたすばらしい薬が作り出されるかもしれません。

このように、きのこに対する多くの人の興味は、長い間食用や薬用といった方面に限られていました。また、ずっと昔には宗教的儀式の道具のひとつとしてきのこを利用したりもしてきました。しかし、自然界でのきのこの生活に目を向け、その役割を調べてみると、単に食料や薬剤原料としてだけでなく、目に見えないところで人間生活にも深くかかわっていることがわかってきました。その中でも森林ときのこのかかわりは、最近まで一部の研究者の間以外ではとりたてて注目を集めることもありませんでした。きのこは森の中や山に行けば生えていて当たり前のものという認識が、「何故ここにきのこが生えるのか」という疑問を抱かせなかった原因かもしれません。

亜高山帯林として本書で扱ってきた森林は、地球規模の森林区分では北方林と呼ばれ、二十世紀末の統計では約一三七〇万平方キロの面積を持つ大きな森林地帯です。その面積は熱帯多雨林に次ぐ広さです。この森林地帯が地球環境全体の保全のために果たす役割は、はかりしれません。そしてこの北方林を、文字通り縁の下の力持ちとして地中で支えているのが外生菌根菌と呼ばれる菌類の大集団です。それらの多くが地上に、あるいは地中にきのこを作ります。

目に見えるきのこが、土の中の状況を完全に映し出しているわけではないという意見には、たしかにもっともな部分もあります。地上に姿を現したきのこの種類と土の中で菌根を作っている菌の種類を遺伝子解析によって同時に調べたら、土中の菌の方がずっと種類が多かったという調査結果もいくつもあります。しかし、人工的に栽培されているきのこでは、おが屑や栄養剤の混ざった培地の中で十分に菌糸が伸びきった状態で最高の収量が得られるのも事実です。地上にきのこが出てくるのは、地中では菌糸が十分に生長していることの証明にはならないでしょうか。たとえ部分的であっても土の中の菌糸の状態を反映しているのならば、多くのきのこを観察することによって土の中の様子や森林の様子を垣間見ることもできそうです。

地球上で多くの生物が生きていくためには、酸素の供給源である森林は欠かすことのできない存在です。そしてその森林を支える役割の一端をきのこが担っています。これまでは、多くの人が、人間にとって直接的に有用か否かという視点できのこを見てきたのではないでしょうか。食用か有毒かという区分けは、その最も典型的な例といえるでしょう。しかし、もう少し広い視野に立って、きのこを見ても良い時期が来ているように思います。

地球温暖化についての様々な議論にしても、森林の急激な減少にしても、これまで起こっている環境の変化は、多くの人にとっては遠い世界の漠然とした出来事としか思い浮かばなかったはずです。この機会に、きのこという身近な生き物を指標にすることによって、陸地の大きな部分を占めている森林でおきているいろいろなや変化を具体的に知っていただければと願っています。そして、自然の中に入って観察し、記録し、整理することの大切さを再認識していただけたらと思います。

あとがき

早いもので富士山のきのこについて調べ始めてから二五年になります。小学生のころから植物を育てる事が好きだったので、その分野を学べる学校に入学し、三〇年以上がたちました。その間に生物学とそれを取り巻く分野は著しい変貌をとげました。まさに激動の時代を身をもって体験してきたといっても言い過ぎではありません。私が学んできた菌類の分野も例外ではありません。それどころか最も急激に変化してきた分野のひとつといえるかもしれません。初めて顕微鏡を使って菌類という生き物を見た十代の終わりごろには、多くの菌類の分類は主に胞子の形態や形成方法にもとづいていました。今では遺伝子の塩基配列が種類を決めるための重要な手がかりとなりつつあります。その結果として長い時間をかけた特別の訓練や知識がなくても、機械によって読み込まれた情報さえあれば菌類を同定することも可能になりつつあります。誰がやっても同じ結果が得られるようになることは大変な進歩といえます。同じ菌を何回も何回も顕微鏡で観察し、種類ごとにスケッチを描いていたころに比べるとずいぶんと便利になりました。

今の花形分野である分子生物学ももちろん大切です。この分野の研究が著しく進んだおかげで生き物どうしの類縁関係もはっきりと示すことが可能になり、形態学にもとづいたこれまでの生物分類学も生まれ変わりつつあります。その反面、失ったものあるいは失われかけているものもあるはずです。中でも「生物《せいぶつ》」を「生き物《いきもの》」として見るという姿勢がだんだんと薄れてきたような気がします。生き物の本質を知ろうとして細かく細かく分解していったら、最後には何種類かのごくありふれた物質の原子になってしまったというのではブラックユーモアにもなりません。

この本の第二部に使われた「きのこを通して森を見る」という表題は、私が最も尊敬する菌類研究者の一人、今関六也先生が座右の銘としていらっしゃった「菌を通して森を見る」にちなんでいます。先生からは、きのこだけでなく、そのまわりの自然を共に観察することの大切さを学びました。きのことそれを育てる森林が、あるときは急激に、またあるときは実にゆっくりと変わっていく様子のほんの一部でもこの本から知っていただくことができたなら幸いです。そして、「観察して、記録して、整理する」という、単純そうに見える作業の繰り返しの大切さについても考えていただくきっかけになればこの本の目的は達成されたといえるかもしれません。

最後になりましたが、右も左もわからない学生のころから、きのこに限らず菌学全般にわたって基礎から教えていただいた佐藤昭二先生、勝屋敬三先生、故椿啓介先生にはこの場を借りて御礼を述べさせていただきます。菌根については、小川眞氏に三年間にわたって手ほどきを受けました。これらの出会いがなかったら、菌類やきのこの道に進むこともなかったかもしれません。それ以外にも、現在に至るまで様々な教えをいただいている多くの先生、先輩・同輩・後輩の皆さんにも同じように感謝します。

学ぶ対象は植物から菌類へと変わりましたが、ずっと同じ道を歩いてくることができたのは、家族をはじめとする周囲の皆さんの理解があったからだと思っています。また、この本に使った多くの資料をまとめるにあたっては渡邉早苗さん、宮野恵さんのお世話になりました。そして、遅々として進まない原稿を辛抱強く待っていただいた中居恵子さん、本のレイアウトを担当していただいた八坂立人さんをはじめとする八坂書房の皆さんには大変なご迷惑をかけてしまったことをお詫びするとともに、本書を出版する機会を与えていただいたことに御礼を申し上げたいと思います。

柴田　尚

参考文献

・安藤愛次　「中部山地の林地生産力に関する研究―特に山梨県を中心として―」　山梨県林業試験場報告一〇：一―一九五、一九六一年

・Arnolds, E. Problems in measurement of species diversity of macrofungi. In: Allsopp, D., Colwell, R. R., Hawksworth, D. L. eds. Microbial diversity and ecosystem function. CAB International, Wallingford, UK pp.337-353, 1995

・Begon, M., Harper, J. L. and Townsend, C. R. Ecology, 3rd ed. 1996（邦題『生態学　個体・個体群・群集の科学　原著第三版』（堀道夫・神崎護・幸田正典・曽田貞滋・他訳）京都大学学術出版会　京都、二〇〇三年）

・R・C・クック　『菌類と人間』（三浦宏一郎・徳増征二訳）共立出版　東京、一九八〇年

・Dahlberg, A. and Stenlid, J. Population structure and dynamics in *Suillus bovinus* as indicated by spatial distribution of fungal clones. New Phytologist 115: 487-493, 1990

・Debaud, J. C. Ectophysiological studies on alpine macromycetes: saprophytic *Clitocybe* and mycorrhizal *Hebeloma* associated with *Dryas octopetala*. In: Laursen, G. A., Ammirati, J. F. and Redhead, S. A. eds. Arctic and alpine mycology II. Plenum Press, New York, pp. 47-60, 1987

・Dighton, J. and Mason, P. A. Mycorrhizal dynamics during forest tree development. In: Moore, D., Casselton, L. A., Wood, D. A. and Frankland, J. C. eds. Developmental biology of higher fungi. Cambridge University Press, London, pp.117-139, 1985

・Finley, R. D. Functional aspects of phosphorus uptake and carbon translocation in incompatible ectomycorrhizal associations between *Pinus sylvestris* and *Suillus grevillei* and *Boletinus cavipes*. New Phytologist 112: 185-192, 1989

・藤田博美　「アカマツ林に発生する高等菌類の遷移」　日菌報三〇：一二五―一四七、一九八九年

・二井一禎・肘井直樹編　『森林微生物生態学』　朝倉書店　東京、二〇〇〇年

・本郷次雄　「撹乱地のきのこ」　菌蕈二〇〇二年三月号：三一―三三、二〇〇二年

・今関六也・本郷次雄編　『原色日本新菌類図鑑Ⅰ』保育社　大阪、一九八七年

・今関六也・本郷次雄編　『原色日本新菌類図鑑Ⅱ』保育社　大阪、一九八九年

・石川豊治　『マツタケ―一〇年の研究から―』　長野県林業指導所、一九七五年

・伊藤嘉昭　『生態学と社会（経済・社会系学生のための生態学入門）』東海大学出版会　東京、一九九四年

・金子繁・佐橋憲生編　『ブナ林をはぐくむ菌類　文一総合出版　東京、

一九九八年
・菊池淳一・小川眞「共生微生物を利用したフタバガキの育苗」熱帯多雨林業三八：三六―四八、一九九七年
・吉良竜夫「温量指数による垂直的気候のわかちかたについて」寒地農学二：一四三―一七三、一九四八年
・小林久泰「日本産ハルシメジ類の菌根の形態及び生態とその利用に関する研究」筑波大学博士学位論文　七六頁、二〇〇五年
・甲府地方気象台『山梨県の気象（気象七五年報）』日本気象協会甲府支部、一九七〇年
・丸田恵美子・中野隆志「中部亜高山帯針葉樹と環境ストレス」日本生態学会誌四九：二九三―三〇〇、一九九九年
・宮脇昭・鈴木邦雄・藤原一絵・原田洋・佐々木寧『山梨県の植生』山梨県、一九七七年
・宮下直・野田隆史『群集生態学』東京大学出版会　東京、二〇〇三年
・Molina, R., Massicotte, H. B., Trappe, J. M. Specificity phenomena in mycorrhizal symbioses: Community-ecological consequences and practical implications. In: Allen, M. F. ed. Mycorrhizal Functioning. Chapman & Hall, London, pp.357-423, 1992
・長沢栄史監修『日本の毒きのこ』学習研究社　東京、二〇〇三年
・岡部宏秋『森づくりと菌根菌』（財）林業科学技術振興所　東京、一九九七年
・Ogawa, M. Ecology of higher fungi in *Tsuga diversifolia* and *Betula ermani-Abies mariesii* forests of subalpine zone. Trans. Mycol. Soc. Japan 18: 1-19, 1977
・小川眞『マツタケの生物学』築地書館　東京、一九七八年
・小川眞「菌根菌の生態的性質とその菌根―菌類生態学序論―XVII IUFRO論：一七〇―一七五、一九八一年
・相良直彦『きのこと動物』（きのこの生物学シリーズ8）築地書館　東京、一九八九年
・Sarnari, M. Monografia Illustrata del Genere Russula in Europa - Tomo Primo. A. M. B. Fondazione Centro Studi Micologici, Vicenza Italia, 1998
・柴田尚「山梨県産高等菌類に関する研究（1）山梨県でみられるハラタケ目、アミタケ目およびベニタケ目菌類」山梨県林業技術センター報告一六：二〇―五二、一九八七年
・柴田尚『改訂版山梨のきのこ』山梨日日新聞社　甲府、一九八七年
・柴田尚「山梨県産高等菌類に関する研究（2）山梨県内のヒダナシタケ目菌類」山梨県林業技術センター報告一八：四五―五三、一九九二年
・柴田尚「山梨県およびその周辺地域の亜高山帯針葉樹林の菌根性担子菌類」山梨県森林総合研究所研究報告一九：二七―三六、一九九七年
・柴田尚「本州中部の亜高山帯針葉樹林のきのこ」森林科学三〇：八―一三、二〇〇〇年
・Shibata, H. Three species of *Cortinarius* subgenus *Phlegmacium*

new to Japan. Mycoscience 42: 227-233, 2001
・柴田尚「山梨県産大型菌類に関する研究Ⅲ　山梨県内のハラタケ目、イグチ目およびベニタケ目菌類（2）」山梨県森林総合研究所研究報告二三：一―一二、二〇〇二年
・柴田尚「大型菌類（きのこ）」第六回生態系多様性地域調査（富士北麓地域）報告書　山梨県環境科学研究所・富士北麓生態系調査会　二九―三七、二〇〇三年
・柴田尚「富士山亜高山帯針葉樹林における外生菌根菌の群集生態学的研究」山梨県森林総合研究所研究報告二五：一三―九八、二〇〇六年
・（社）日本林業技術協会『きのこの一〇〇不思議』（社）日本林業技術協会　東京、一九九七年
・Smith, M. L., Bruhn, J. N. and Anderson, J. B. The fungus Armillaria bulbosa is among the largest and oldest living organisms. Nature 356: 429-431, 1992
・千葉徳爾『はげ山の研究』（財）農林協会　東京、一九五六年
・Trappe, J. M. Selection of fungi for ectomycorrhizal inoculation in nurseries. Ann. Rev. Phytopathology 15: 203-222, 1977
・椿啓介『カビの不思議』筑摩書房　東京、一九九五年
・栂典雅・米山競一・池田良幸「高山帯・亜高山帯のキノコ」平成九年度生態系多様性地域調査（白山地区）報告書　岐阜県・石川県：四四―六〇、一九九八年
・内田勉「キク白さび病の伝染機構と防除に関する研究」山梨県農業試験場研究報告二二：一―一〇五、一九八三年
・山中勝次「多様化する栽培きのこ」ECOSOPHIA 一六：一七―二二、二〇〇五年
・八杉龍一・小関治男・古谷雅樹・日高敏隆　編集『岩波生物学事典第四版』岩波書店　東京、二〇〇〇年
・山梨県『山梨県の水資源と利用の現況』、一九六五年
・山梨県林業試験場『山梨県林業気象図』、一九六八年
・Watling, R. Assessment of fungal diversity: macromycetes, the problems. Can. J. Bot. 73(Suppl 1): s15-s24, 1955
・Watling, R., Lee, S. S. and Turnbull, E. The occurrence and distribution of putative ectomycorrhizal basidiomycetes in regenerating south-east Asian rainforest. In : Watring, R., Frankland, J. C., Ainsworth, A. M., Isaac, S. and Robinson, C. H. eds. Tropical mycology: vol.1, macromycetes. CBAI Publishing, UK, pp.25-43, 2002

関連書籍のごあんない

表示価格は税別価格です

都会のキノコ
―身近な公園キノコウォッチングのすすめ

大舘一夫著　四六判　1800円

公園や街路樹、生垣、住宅地の斜面、川原の土手等わずかに残された自然空間にしたたかに生きるキノコをカラーで紹介。街に居ながらにして、キノコを楽しむ方法を伝授する。都会のキノコ一〇〇選を収録。

きのこ博物館

根田　仁著　四六判　2000円

シイタケ、シメジ、マツタケ、ヒラタケ、マンネンタケ、サルノコシカケ、ツキヨタケなど、食用・薬用から毒きのこまでを多数取り上げ、名前の由来や利用の仕方、故事来歴などなどを幅広く紹介。身近なきのこと人の関わりを語り尽くす。

森のなんでも研究
―ハンノキ物語・NZ森林紀行

西口親雄著　四六判　1900円

虫やキノコ、菌根菌など、落ち葉や生物の亡きがらを土に返す分解者を登場させ、その役割や森の成立・存続とどんな関係を結んでいるかエッセー風に解説する。

日本森林紀行
―森のすがたと特性

大場秀章著　四六判　1800円

日本中の名森林を訪れ、各地の自然のありかたや歴史、土地の人々との結びつきなどを考察した旅。北海道、東北、裏磐梯、京都、熊野、四国、さらには西表島まで、未来を展望し、本来あるべき姿を問う。

上高地の谷から
―パークレンジャーと歩く国立公園

百武　充著　四六判　1800円

日本を代表するすぐれた自然景観として保護されている国立公園。そこで働くパーク・レンジャー（国立公園管理官）の仕事ぶりを紹介。尾瀬、阿寒、西表、十和田、上高地の美しい自然を生き生きと伝える。

アマチュア森林学のすすめ
―ブナの森への招待

西口親雄著　四六判　1900円

ブナ林に息づく様々な生物たちが森林と有機的に結びついて生きる姿を描きつつ、森という宇宙のメカニズムを探る。その考察は洪水や水質問題にまでおよぶ。真剣に自然保護について考える人に最適の本。

著者紹介

柴田　　尚（しばた・ひさし）

1955年 神奈川県生まれ

1978年 東京教育大学農学部農学科卒業

1982年 筑波大学大学院農学研究科博士課程単位取得退学

現在　山梨県森林総合研究所主任研究員　博士(農学)

研究分野　きのこ類の生態

主な著書

『山梨のきのこ』山梨日日新聞社、1986年、

『Cryptogamic Flora of Pakistan vol.1』（執筆分担）

National Science Museum, Tokyo, 1992、

『食品加工総覧』（執筆分担）農山漁村文化協会、2001年

森のきのこたち——種類と生態

2006年　8月25日　初版第1刷発行

著　　者　柴田　　尚

発 行 者　八 坂 立 人

印刷・製本　モリモト印刷(株)

発 行 所　(株)八 坂 書 房

〒101-0064 東京都千代田区猿楽町1-4-11

TEL.03-3293-7975 FAX.03-3293-7977

http://www.yasakashobo.co.jp

郵便振替口座　00150-8-33915

乱丁・落丁はお取り替えいたします。無断複製・転載を禁ず。

© 2006 Hisashi Shibata

ISBN 4-89694-875-0

きのこ名索引

太字はカラー写真のページを示す。

【ア　行】

【カ　行】

【サ　行】

【タ　行】

【ナ　行】

学名索引

事項索引

【サ　行】

【タ　行】

【ナ　行】